Marcelo Gradella Villalva

Energia Solar Fotovoltaica

Conceitos e Aplicações

2ª Edição Revisada e Atualizada

Energia Solar Fotovoltaica - Conceitos e Aplicações

Avenida Paulista, n. 901, Edifício CYK, 3º andar
Bela Vista – SP – CEP 01310-100

SAC | Dúvidas referentes a conteúdo editorial, material de apoio e reclamações:
sac.sets@saraivaeducacao.com.br

Direção executiva	Flávia Alves Bravin
Direção editorial	Ana Paula Santos Matos
Gerência editorial e de projetos	Fernando Penteado
Aquisições	Rosana Aparecida Alves dos Santos
Edição	Neto Bach
Produção editorial	Daniela Nogueira Secondo
Avaliação Técnica	Eduardo Cesar Alves Cruz
Revisão	Marlene T. Santin Alves
	Carla de Oliveira Morais
Diagramação	Adriana Aguiar Santoro
	Daniela Verônica Lima
Capa	Maurício S. de França
Adaptação da 13ª tiragem	Camilla Felix Cianelli Chaves
Impressão e acabamento	Gráfica Paym

DADOS INTERNACIONAIS DE CATALOGAÇÃO NA PUBLICAÇÃO (CIP)
ANGÉLICA ILACQUA CRB-8/7057

Villalva, Marcelo Gradella
  Energia solar fotovoltaica : conceitos e aplicações / Marcelo Gradella Villalva. – 2. ed. rev. e atual. – São Paulo : Érica, 2015.

  Bibliografia
  ISBN 978-85-365-1489-5

  1. Energia solar 2. Sistemas de energia fotovoltaica 3. Eletricidade
  I. Título

15-0865
CDD 621.47
CDU 621.383.51

Índice para catálogo sistemático:
1. Energia solar

Copyright © Marcelo Gradella Villalva
2020 Saraiva Educação
Todos os direitos reservados.

2ª edição
13ª tiragem: 2022

Nenhuma parte desta publicação poderá ser reproduzida por qualquer meio ou forma sem a prévia autorização da Saraiva Educação. A violação dos direitos autorais é crime estabelecido na Lei n. 9.610/98 e punido pelo art. 184 do Código Penal.

| CO | 3734 | CL | 640352 | CAE | 567809 |

Dedicatória

A meus pais, pela educação que recebi.

*"Se antes de cada acto nosso nos puséssemos a prever
todas as consequências dele, a pensar nelas a sério,
primeiro as imediatas, depois as prováveis, depois as possíveis,
depois as imagináveis, não chegaríamos sequer a mover-nos
de onde o primeiro pensamento nos tivesse feito parar."*

José Saramago, Ensaio sobre a cegueira

*"Meu pai costumava me dizer que quando você morrer,
se você teve cinco amigos de verdade,
você teve uma vida maravilhosa."*

Lee Iacocca, Biografia

Agradecimentos

Ao professor doutor Ernesto Ruppert Filho, da Unicamp, pelo apoio e pela orientação que recebi na universidade.

Às empresas que cederam informações e imagens para a composição do livro, em especial Finder, Bosch, Santerno, LG, Studer Innotec, SMA e Multi-Contact.

Este livro possui material digital exclusivo

Para enriquecer a experiência de ensino e aprendizagem por meio de seus livros, a Saraiva Educação oferece materiais de apoio que proporcionam aos leitores a oportunidade de ampliar seus conhecimentos.

Para acessá-lo, siga estes passos:

1. Em seu computador, acesse o link: **https://somos.in/ESF28**

2. Se você já tem uma conta, entre com seu login e senha. Se ainda não tem, faça seu cadastro.

3. Após o login, clique na capa do livro. Pronto! Agora, aproveite o conteúdo extra e bons estudos!

Qualquer dúvida, entre em contato pelo e-mail **suportedigital@saraivaconecta.com.br**.

Sumário

Capítulo 1 – Energia e Eletricidade 11
1.1 Fontes renováveis 11
1.2 Fontes limpas de energia..12
1.3 Fontes alternativas de energia 14
1.4 Exemplos de fontes renováveis..15
      1.4.1 Energia hidrelétrica..15
      1.4.2 Energia solar térmica 16
      1.4.3 Energia solar fotovoltaica 17
      1.4.4 Energia eólica...18
      1.4.5 Energia oceânica 20
      1.4.6 Energia geotérmica..21
      1.4.7 Energia da biomassa 21
1.5 Geração e uso de eletricidade no mundo..22
1.6 Geração distribuída de energia elétrica 26
1.7 Fontes renováveis de energia no Brasil 28
1.8 A energia solar fotovoltaica no Brasil 30
      1.8.1 Situação atual...30
      1.8.2 Potencial de utilização..31
      1.8.3 Obstáculos...32
      1.8.4 Normas e regulamentação...33
      1.8.5 Benefícios 34
Exercícios 35

Capítulo 2 – Conceitos Básicos 37
2.1 Radiação solar 37
2.2 Massa de ar 40
2.3 Tipos de radiação solar 42
2.4 Energia solar 43
      2.4.1 Irradiância..43
      2.4.2 Insolação..44
2.5 Orientação dos módulos fotovoltaicos..47
2.6 Ângulo azimutal...48
2.7 Movimentos da Terra 51
2.8 Declinação solar 52
2.9 Altura solar 53
2.10 Ângulo de incidência dos raios solares 55
2.11 Escolha do ângulo de inclinação do módulo solar 55
2.12 Regras básicas para a instalação de módulos solares................................57
2.13 Rastreamento automático da posição do Sol 60
2.14 Espaçamento de módulos em usinas solares...61
Exercícios 62

Capítulo 3 – Células e Módulos Fotovoltaicos 63
3.1 Células fotovoltaicas 63
3.2 Um pouco de história 66
3.3 Tipos de células fotovoltaicas 67
    3.3.1 Silício monocristalino 67
    3.3.2 Silício policristalino...68
    3.3.3 Filmes finos 69
    3.3.4 Comparação entre as diferentes tecnologias 71
3.4 Módulo, placa ou painel fotovoltaico..72
3.5 Funcionamento e características dos módulos fotovoltaicos comerciais.............74
    3.5.1 Curvas características de corrente, tensão e potência.................................74
3.6 Influência da radiação solar 77
3.7 Influência da temperatura 78
3.8 Características dos módulos fotovoltaicos comerciais...80
    3.8.1 Folha de dados..80
    3.8.2 Identificação e informações gerais 80
    3.8.3 Características elétricas em STC...81
    3.8.4 Características elétricas em NOCT..84
    3.8.5 Características térmicas 85
3.9 Conjuntos ou arranjos fotovoltaicos..86
    3.9.1 Conexão de módulos em série 86
    3.9.2 Conexão de módulos em paralelo 87
    3.9.3 Conexão de módulos em série e paralelo 89
3.10 Sombreamento de módulos fotovoltaicos..89
3.11 Conexões elétricas 92
Exercícios 95

Capítulo 4 – Sistemas Fotovoltaicos Autônomos 97
4.1 Aplicações dos sistemas fotovoltaicos autônomos...97
4.2 Componentes de um sistema fotovoltaico autônomo 100
4.3 Baterias..101
    4.3.1 Bancos de baterias 101
    4.3.2 Tipos de baterias 102
    4.3.3 Baterias de ciclo profundo 105
    4.3.4 Vida útil da bateria..106
    4.3.5 Características das baterias estacionárias de chumbo ácido......................108
4.4 Controlador de carga 108
    4.4.1 Funções do controlador de carga..109
    4.4.2 Modo de utilização do controlador de carga...110
    4.4.3 Principais tipos de controladores de carga 112
4.5 Inversor 117
    4.5.1 Princípio de funcionamento 117
    4.5.2 Modo de conexão..119
    4.5.3 Características principais dos inversores 120
    4.5.4 Tipos de inversores..122
4.6 Módulos fotovoltaicos para sistemas autônomos..125

4.7 Organização dos sistemas fotovoltaicos autônomos 126
    4.7.1 Sistemas para a alimentação de consumidores em corrente alternada 126
    4.7.2 Sistemas para a alimentação de consumidores em corrente contínua 127
    4.7.3 Sistemas sem baterias 128
    4.7.4 Sistemas fotovoltaicos autônomos de grande porte 130
4.8 Cálculo da energia produzida pelos módulos fotovoltaicos 133
    4.8.1 Método da insolação 133
    4.8.2 Método da corrente máxima do módulo 135
4.9 Dimensionamento do banco de baterias 137
4.10 Levantamento do consumo de energia do sistema fotovoltaico autônomo 139
4.11 Exemplo de dimensionamento de um sistema fotovoltaico autônomo 141
Exercícios 145

Capítulo 5 – Sistemas Fotovoltaicos Conectados à Rede Elétrica 147
5.1 Introdução 147
5.2 Categorias de sistemas fotovoltaicos conectados à rede 147
    5.2.1 Usinas de geração fotovoltaica 148
    5.2.2 Sistemas de minigeração fotovoltaica 149
    5.2.3 Sistemas de microgeração fotovoltaica 150
5.3 Sistemas de tarifação 153
    5.3.1 Venda de energia no mercado livre 153
    5.3.2 Tarifação net metering 153
    5.3.3 Tarifação feed in 155
5.4 Inversores para a conexão à rede elétrica 156
5.5 Características dos inversores 158
    5.5.1 Faixa útil de tensão contínua na entrada 158
    5.5.2 Tensão contínua máxima na entrada 159
    5.5.3 Número máximo de strings na entrada 160
    5.5.4 Número de entradas independentes com MPPT 160
    5.5.5 Tensão de operação na conexão com a rede 161
    5.5.6 Frequência da rede elétrica 161
    5.5.7 Distorção da corrente injetada na rede 161
    5.5.8 Grau de proteção 161
    5.5.9 Temperatura de operação 161
    5.5.10 Umidade relativa do ambiente 162
    5.5.11 Consumo de energia parado 162
    5.5.12 Consumo de energia noturno 162
    5.5.13 Potência de corrente contínua na entrada 163
    5.5.14 Potência de corrente alternada na saída 163
    5.5.15 Rendimento ou eficiência 163
5.6 Recursos e funções dos inversores para a conexão
    de sistemas fotovoltaicos à rede elétrica 164
    5.6.1 Chave de desconexão de corrente contínua 164
    5.6.2 Proteção contra fuga de corrente 164
    5.6.3 Rastreamento do ponto de máxima potência (MPPT) 164
    5.6.4 Detecção de ilhamento e reconexão automática 168

5.6.5 Isolação com transformador...170
5.7 Requisitos para a conexão de sistemas fotovoltaicos à rede elétrica...................173
    5.7.1 Tensão de operação..174
    5.7.2 Frequência de operação...174
    5.7.3 Minimização da injeção de corrente contínua na rede elétrica.............175
    5.7.4 Distorção harmônica de corrente admissível................................175
    5.7.5 Fator de potência...176
    5.7.6 Atuação na detecção do ilhamento...176
    5.7.7 Normas brasileiras...177
5.8 Inversores comerciais para sistemas fotovoltaicos conectados à rede elétrica......177
    5.8.1 Inversores centrais para usinas e sistemas de minigeração................177
    5.8.2 Inversores para minigeração e microgeração...............................179
    5.8.3 Microinversores..185
5.9 Organização dos conjuntos fotovoltaicos..186
    5.9.1 Ligação de módulos fotovoltaicos em série e em paralelo.................186
    5.9.2 Número de módulos em série no *string*....................................186
    5.9.3 Sistemas fotovoltaicos modulares...187
5.10 Componentes dos sistemas fotovoltaicos conectados à rede elétrica................189
    5.10.1 Módulos fotovoltaicos..189
    5.10.2 Inversores para a conexão à rede elétrica..................................189
    5.10.3 Caixas de *strings*..189
    5.10.4 Quadro de proteção de corrente contínua (CC)...........................192
    5.10.5 Quadro de proteção de corrente alternada (CA)..........................193
    5.10.6 Acessórios...195
5.11 Conexões elétricas nos sistemas conectados à rede de distribuição de baixa tensão........198
    5.11.1 Dimensionamento das instalações do lado de corrente alternada (CA)........198
    5.11.2 Dimensionamento dos cabos no lado de corrente contínua (CC)............198
    5.11.3 Dimensionamento dos fusíveis no lado de corrente contínua (CC)..........199
    5.11.4 Escolha dos diodos de *strings* no lado de corrente contínua (CC)........200
5.12 Dispositivos de proteção de surto para sistemas fotovoltaicos......................201
    5.12.1 Introdução...201
    5.12.2 Princípio de funcionamento..201
    5.12.3 Classificações...202
    5.12.4 Esquemas de aplicação...204
5.13 Exemplo de dimensionamento de um sistema fotovoltaico de microgeração conectado à rede elétrica...209
    5.13.1 Energia produzida..209
    5.13.2 Dimensionamento do número de módulos.................................210
    5.13.3 Dimensionamento dos inversores..210
Exercícios...212

Bibliografia...**213**

Apêndice A – Obtenção de dados de irradiação solar.................................**215**

Índice remissivo...**221**

Prefácio

Ao elaborar este livro o autor desejou suprir uma lacuna existente no mercado editorial brasileiro. A energia solar fotovoltaica está ganhando importância no País e o seu estudo já é inserido nos currículos dos cursos técnicos, de engenharia e de pós-graduação. Este livro aborda os sistemas fotovoltaicos isolados e os conectados à rede elétrica.

O material que o leitor tem em mãos serve como guia de aprendizado sobre a energia solar fotovoltaica para pessoas que ainda desconhecem o assunto ou como obra de leitura e referência para estudantes e profissionais que desejam adquirir e ampliar conhecimentos sobre as aplicações, os componentes, o dimensionamento e a instalação de sistemas fotovoltaicos para a geração de eletricidade.

A energia solar fotovoltaica tem uma característica que não se encontra em nenhuma outra: ela pode ser usada em qualquer local, gerando eletricidade no próprio ponto de consumo, sem a necessidade de levar a energia para outro lugar através de linhas de transmissão ou redes de distribuição. Além disso, diferentemente de outras fontes de energia, ela pode ser empregada em praticamente todo o território nacional, em áreas rurais e urbanas.

Antes praticamente restrita a aplicações em pequenos sistemas de eletrificação instalados em localidades não atendidas pela rede de energia elétrica, desde o ano 2012 a energia solar fotovoltaica tornou-se uma importante fonte de complementação energética para o Brasil, tendo sua inserção na matriz energética nacional garantida com a aprovação da resolução normativa nº 482 da Agência Nacional de Energia Elétrica (Aneel), que incentiva e regulamenta a geração de eletricidade com fontes renováveis de energia em sistemas conectados à rede elétrica de distribuição.

A aprovação dessa resolução foi um marco no setor energético brasileiro, colocando o Brasil no grupo de países que incentivam e apoiam a autoprodução de energia elétrica por cidadãos, empresas e instituições que desejam suprir seu consumo de eletricidade a partir de sistemas fotovoltaicos operando em paralelismo com a rede elétrica pública.

Esta segunda edição apresenta informações atualizadas sobre o cenário da energia solar fotovoltaica no Brasil e inclui um Apêndice sobre ferramentas para a obtenção de dados solarimétricos, importantes para quem vai projetar e dimensionar sistemas de energia solar fotovoltaica.

O autor espera que esta obra seja proveitosa para o leitor e que possa ajudar a disseminar e consolidar o uso da energia solar fotovoltaica em nosso País.

Marcelo Gradella Villalva

Sobre o autor

Marcelo Gradella Villalva

Engenheiro Eletricista, Mestre e Doutor em Engenharia Elétrica. Professor da Faculdade de Engenharia Elétrica e de Computação (FEEC) da Unicamp. Pesquisador nas áreas de conversão de energia elétrica e fontes renováveis. É membro da Sobraep – Associação Brasileira de Eletrônica de Potência, da Abens – Associação Brasileira de Energia Solar e do IEEE – Institute of Electrical and Electronics Engineers. É responsável pela disciplina "Tecnologia de Sistemas Fotovoltaicos" do curso de Pós-Graduação em Engenharia Elétrica da Unicamp. Apresenta cursos presenciais de energia solar fotovoltaica abertos ao público na Unicamp (www.cursosolar.com.br). Mantém na internet o portal Guia Solar (www.guiasolar.com.br), com informações que complementam o conteúdo deste livro.

Energia e Eletricidade

1.1 Fontes renováveis

O Sol é a principal fonte de energia do nosso planeta. A superfície da Terra recebe anualmente uma quantidade de energia solar, nas formas de luz e calor, suficiente para suprir milhares de vezes as necessidades mundiais durante o mesmo período. Apenas uma pequena parcela dessa energia é aproveitada. Mesmo assim, com poucas exceções, praticamente toda a energia usada pelo ser humano tem origem no Sol.

A energia da biomassa, ou da matéria orgânica, tem origem na energia captada do Sol através da fotossíntese, que é a conversão da energia da luz solar em energia química. A energia da água dos rios, usada para mover turbinas de usinas hidrelétricas, tem origem na evaporação, nas chuvas e no degelo provocados pelo calor do Sol. A energia dos ventos tem origem nas diferenças de temperatura e pressão na atmosfera ocasionadas pelo aquecimento solar. Os combustíveis fósseis como o carvão, o gás natural e o petróleo também têm origem na energia solar, pois são resultado da decomposição da matéria orgânica produzida há muitos milhões de anos.

Figura 1.1 – O Sol é a principal fonte de energia do nosso planeta.

As fontes renováveis de energia são aquelas consideradas inesgotáveis para os padrões humanos de utilização. Podemos utilizá-las continuamente e nunca se acabam, pois sempre se renovam. Alguns exemplos são as energias solar, aproveitada diretamente para aquecimento ou geração de eletricidade, hidrelétrica, eólica, oceânica, geotérmica e da biomassa.

A hidrelétrica, que é a fonte de energia renovável mais utilizada em todo o mundo, depende da disponibilidade de água nos rios. Esse recurso é infinito desde que não ocorra o esgotamento das bacias hídricas pela ação direta humana ou por alterações climáticas que modificam os regimes pluviométricos.

Os ventos também são inesgotáveis e constituem uma fonte de energia renovável, pois vão sempre soprar enquanto existir o calor do Sol para aquecer a atmosfera.

É possível questionar até que ponto uma fonte de energia é inesgotável. A ciência aponta que ainda poderemos aproveitar a luz e o calor do Sol durante cerca de 8 bilhões de anos, tempo suficiente para considerarmos inesgotável essa fonte de energia, e as outras que dela derivam, para as necessidades humanas.

Da mesma forma, a energia geotérmica, que é o calor do subsolo terrestre, também é considerada inesgotável, pois sua disponibilidade é muito vasta em comparação com outras fontes de energia que vão se esgotar muito antes, como é caso dos combustíveis fósseis.

Embora sejam muito grandes as reservas de petróleo, gás e carvão em todo o mundo, a disponibilidade desses recursos fósseis diminui com o uso, portanto são fontes de energia não renováveis. A discussão sobre quando ocorrerá o esgotamento dessas fontes é irrelevante diante da certeza de que são recursos finitos.

De maneira geral são consideradas renováveis as fontes de energia que não se apoiam em recursos que são reconhecidamente limitados e cujo uso não causa seu esgotamento.

As fontes de energia não renováveis são baseadas em recursos que vão se esgotando com o uso. Os exemplos mais conhecidos são o petróleo, o carvão, o gás natural e os minerais radioativos empregados nos reatores das usinas termonucleares.

Por maiores que sejam as reservas conhecidas dos recursos não renováveis, é certo que a humanidade não poderá contar indefinidamente com a energia produzida a partir dessas fontes.

Além de serem limitadas, as fontes não renováveis são causadoras de diversos danos ambientais, dentre os quais podem ser citados os vazamentos de petróleo nos oceanos, a emissão de poluentes pela queima de combustíveis e as contaminações causadas pela estocagem de dejetos radioativos e pelos acidentes com usinas nucleares que, embora raros, são um risco permanente para o planeta.

1.2 Fontes limpas de energia

O conceito de energia limpa é frequentemente associado às fontes renováveis, pois em comparação com os combustíveis fósseis apresentam reduzidos impactos ambientais e praticamente não originam resíduos ou emissões de poluentes. Entretanto, a exploração de qualquer fonte de energia provoca alterações no meio ambiente e produz impactos de maior ou menor intensidade.

A instalação de geradores eólicos provoca a morte de pássaros, produz ruídos audíveis e modifica paisagens. Na fabricação de geradores eólicos e células fotovoltaicas empregam-se componentes tóxicos. As usinas solares térmicas empregam fluidos tóxicos e sua instalação ocupa grandes áreas e afeta *habitats* naturais. A construção de usinas hidrelétricas requer grandes quantidades de matéria-prima e energia, e a formação de represas inunda enormes áreas e altera irreversivelmente o ambiente no seu entorno.

Apesar dos impactos negativos, as fontes renováveis são limpas e seguras quando comparadas com as não renováveis. O uso de fontes renováveis de energia para a produção de eletricidade em substituição aos combustíveis fósseis colabora com a redução da emissão de poluentes na atmosfera e reduz o chamado efeito estufa, apontado como responsável pela elevação da temperatura do planeta e por mudanças climáticas observadas em todo o globo terrestre.

Embora as fontes de energia possam ser usadas nos meios de transporte, em sistemas de aquecimento e em outras aplicações, na maior parte do tempo o interesse reside em sua utilização para a geração de eletricidade. O ser humano é bastante dependente da eletricidade e a demanda por essa energia cresce de maneira acelerada em todo o mundo. As fontes renováveis têm ganhado importância crescente em muitos países na tentativa de buscar novas alternativas para a geração de eletricidade sem agredir o planeta.

Um caso muito particular de fonte energética não renovável e limpa são as usinas termonucleares. São uma fonte não renovável porque os minerais radioativos são encontrados em quantidade limitada na natureza. São uma fonte limpa porque,

apesar do risco constante de contaminações radioativas, as usinas termonucleares não emitem gás carbônico e outras substâncias tóxicas para a atmosfera durante seu funcionamento normal.

Apesar dos impactos causados pelo beneficiamento dos minerais radioativos e pelo armazenamento dos resíduos, as usinas termonucleares produzem menos impactos do que outras. Tanto na construção como na operação, são menos prejudiciais ao ambiente do que as usinas hidrelétricas, que exigem o represamento de rios e a inundação de grandes áreas, e do que as termelétricas, movidas pela queima de combustíveis, que poluem a atmosfera.

As usinas termonucleares produzem eletricidade com o calor obtido de reações com elementos radioativos como o urânio e o plutônio. Essas usinas eram antes vistas como uma esperança para a humanidade, pois são capazes de produzir grandes quantidades de energia com pequenas porções de material radioativo.

Entretanto, atualmente as usinas termonucleares são vistas como uma ameaça à segurança do planeta. Países que antes apostavam muito nessa fonte de energia deixaram de utilizá-la após a ocorrência de acidentes. O mais recente deles ocorreu em 2011, no Japão, e foi o de maior gravidade depois do acidente de 1986 ocorrido na Ucrânia.

A gravidade do recente acidente nuclear levou o Japão a desligar temporariamente todos os seus reatores nucleares no ano de 2012. Naturalmente, isso teve consequências sobre a oferta de eletricidade naquele país e exigiu o emprego de mais combustíveis fósseis.

A Alemanha vem encerrando gradativamente a operação de diversas de suas usinas nucleares e pretende fechar todas até 2022, a menos que ocorram mudanças políticas naquele país, o que sempre é passível de ocorrer nos momentos de crise econômica. Enquanto as metas de utilização de energias renováveis não se modificam, a Alemanha vem apostando no uso de fontes alternativas e já tem cerca de 20% de sua demanda de eletricidade suprida por fontes renováveis.

Os Estados Unidos cessaram a instalação de usinas termonucleares em 1979, após grave acidente nuclear, e mantiveram a proibição do uso dessas usinas durante quase 30 anos. Em 2012, apesar de os Estados Unidos serem um país que apoia e busca fontes alternativas de energia, o governo norte-americano autorizou a construção de novas usinas nucleares.

Sempre haverá prós e contras para a instalação de usinas nucleares em todas as partes do mundo, com motivações econômicas e políticas pendendo para ambos os lados. Num mundo sedento por energia e dependente de combustíveis fósseis, todas as soluções para a geração de eletricidade acabam se justificando de alguma forma.

Figura 1.2 – As usinas termonucleares são uma fonte relativamente limpa de energia, porém representam uma ameaça constante à segurança do planeta.

1.3 Fontes alternativas de energia

O aumento acelerado da demanda de energia elétrica em todo o mundo, a necessidade de diminuir a dependência de combustíveis fósseis e a preferência por fontes de energia que não poluem têm levado à busca de novas fontes de energia para a geração de eletricidade.

As tradicionais fontes de energia ainda constituem a base mundial da geração de eletricidade - como as grandes usinas hidrelétricas, termelétricas a carvão e petróleo e as usinas nucleares. Entretanto, tem-se observado a participação crescente de fontes alternativas de eletricidade em muitos países. Alguns exemplos são as pequenas centrais hidrelétricas, os geradores eólicos, os sistemas solares térmicos, os sistemas fotovoltaicos e as termelétricas e microturbinas alimentadas a gás natural. Essas últimas, embora utilizem um combustível fóssil não renovável, são mais eficientes e menos poluidoras do que as modalidades de geração baseadas na queima do carvão ou do petróleo. O conceito de energia alternativa não é exclusivo das fontes renováveis, entretanto a maior parte dos sistemas alternativos de geração de eletricidade emprega fontes renováveis.

Embora ainda tímidas e com participação muito reduzida na matriz energética mundial, o uso das fontes alternativas vem crescendo muito em todo o planeta. Em diversos países, apesar de suprirem apenas uma fração da demanda de eletricidade, essas fontes já são consideradas maduras e ocupam importante espaço nas políticas públicas e nos investimentos privados. Os custos das fontes alternativas de energia estão caindo com o aumento da escala de utilização, e o preço da energia elétrica por elas gerada em muitos países já se equipara ao da energia produzida pelas fontes tradicionais.

Além de todas as vantagens citadas, a utilização de fontes alternativas motiva o desenvolvimento tecnológico e traz benefícios econômicos indiretos. Normalmente as vantagens econômicas das fontes de energia são analisadas apenas sob a ótica do custo da energia elétrica produzida, entretanto existem ganhos associados quando se utilizam fontes alternativas.

A exploração e a integração de fontes alternativas de energia aos sistemas elétricos, sobretudo a solar fotovoltaica na forma de micro e miniusinas conectadas às redes de baixa tensão, demandam investimentos em pesquisa científica e tecnológica e originam cadeias para a fabricação de materiais e equipamentos e para o fornecimento de serviços, gerando empregos locais e segmentando os investimentos em energia, tradicionalmente concentrados na construção de usinas de grande capacidade.

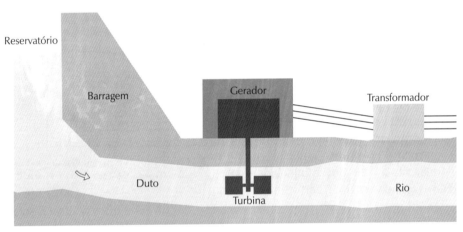

Figura 1.3 – Ilustração de uma usina hidrelétrica.

1.4 Exemplos de fontes renováveis

1.4.1 Energia hidrelétrica

A energia hidrelétrica é muito empregada no Brasil. Quase toda a eletricidade gerada no País tem origem nessa fonte. O princípio de funcionamento de uma usina hidrelétrica é mostrado na Figura 1.3. A água de um rio é represada e depois escoa por um duto. O movimento da água faz girarem as pás de uma turbina. A energia potencial da água armazenada no reservatório, transformada em energia cinética durante o escoamento, é transformada em eletricidade por um gerador elétrico acoplado à turbina. A eletricidade produzida é conduzida para um transformador elétrico e depois despachada para os centros de consumo através de linhas de transmissão. Como a água dos rios se renova devido ao ciclo de evaporação e das chuvas, a energia hidrelétrica é uma fonte renovável de eletricidade. A Figura 1.4 mostra a barragem e o reservatório de uma usina hidrelétrica.

Figura 1.4 – Barragem e reservatório de uma usina hidrelétrica.

1.4.2 Energia solar térmica

A energia do Sol pode ser aproveitada como fonte de calor para aquecimento ou para a produção de eletricidade. Nos sistemas de aquecimento solar o calor é captado por coletores solares instalados nos telhados de prédios ou residências para aquecer a água. Dentro dos coletores existem tubos por onde circula a água que é aquecida e depois armazenada em um reservatório.

O objetivo desses sistemas é aquecer a água utilizando diretamente o calor do Sol, de forma simples, limpa e eficiente, poupando outros recursos energéticos como o gás, o carvão e a energia elétrica. A Figura 1.5 mostra uma residência que emprega coletores solares instalados em seu telhado para o aquecimento de água.

Figura 1.5 – Coletores solares térmicos para o aquecimento de água instalados no telhado de uma residência.

O calor do Sol também pode ser empregado com a finalidade de produzir energia elétrica. Isso é possível com as usinas solares térmicas, que captam e concentram o calor para aquecer um fluido. O princípio é semelhante àquele usado no aquecimento de água residencial. O calor é transportado pelo fluido até uma central geradora, onde é empregado para produzir vapor e acionar uma turbina acoplada a um gerador elétrico, como ilustrado no esquema da Figura 1.6.

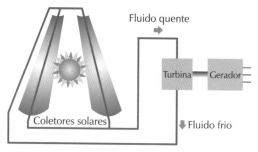

Figura 1.6 – Funcionamento de uma usina solar térmica para geração de eletricidade.

Existem diversos tipos de usinas solares térmicas, de acordo com o sistema de captação e concentração empregado. A Figura 1.7 ilustra alguns sistemas de concentração solar que podem ser encontrados. O primeiro deles é baseado em espelhos côncavos que refletem os raios solares e concentram o calor em uma tubulação. Esses sistemas operam em temperaturas de 100 °C a 400 °C, tipicamente. O segundo tipo é baseado em espelhos parabólicos que concentram os raios solares em um ponto central, onde é instalada uma cápsula térmica. O terceiro tipo é baseado em um conjunto de espelhos planos que refletem os raios solares e concentram o calor em uma cápsula instalada no alto de uma torre. O segundo e o terceiro tipos operam em temperaturas superiores a 400 °C.

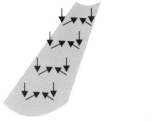 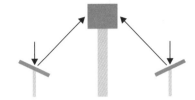

Coletores côncavos Coletores parabólicos Espelhos planos com torre concentradora de calor

Figura 1.7 – Tipos de coletores de calor usados em usinas solares térmicas.

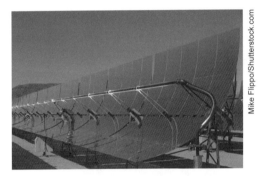

Figura 1.8 – Usina solar térmica com espelhos concentradores côncavos.

Figura 1.10 – Usina solar térmica com espelhos planos e torre concentradora.

Figura 1.9 – Refletor parabólico de uma usina solar térmica.

1.4.3 Energia solar fotovoltaica

A energia do Sol pode ser utilizada para produzir eletricidade pelo efeito fotovoltaico, que consiste na conversão direta da luz solar em energia elétrica. O efeito fotovoltaico e o funcionamento das células e dos painéis solares fotovoltaicos serão explicados no Capítulo 3.

Diferentemente dos sistemas solares térmicos, que são empregados para realizar aquecimento ou para produzir eletricidade a partir da energia térmica do Sol, os sistemas fotovoltaicos têm a capacidade de captar diretamente a luz solar e produzir corrente elétrica. Essa corrente é coletada e processada por dispositivos controladores e conversores, podendo ser armazenada em baterias ou utilizada diretamente em sistemas conectados à rede elétrica, que serão apresentados ao leitor posteriormente.

As placas fotovoltaicas podem ser usadas nos telhados e fachadas de residências e edifícios para suprir as necessidades locais de eletricidade, Figura 1.11, ou podem ser empregadas na construção de usinas geradoras de eletricidade, Figura 1.12.

Figura 1.11 – Placas fotovoltaicas para a geração de eletricidade instaladas no telhado de uma residência.

Figura 1.12 – Usina de eletricidade fotovoltaica.

A energia solar fotovoltaica é uma das fontes de energia cujo uso mais cresce em todo o mundo. Nos próximos capítulos serão apresentados os conceitos necessários para a utilização dessa fonte de energia para a eletrificação de locais que não dispõem de rede elétrica ou para a complementação energética em locais já atendidos por eletricidade, através de sistemas fotovoltaicos conectados à rede, que permitem gerar eletricidade em paralelismo com a rede elétrica pública.

1.4.4 Energia eólica

A energia eólica, ou a energia do vento, já é empregada pelo homem há muitos séculos no transporte e no acionamento de mecanismos. A energia do vento pode ser utilizada também na geração de eletricidade através de turbinas eólicas acopladas a geradores elétricos. Em regiões do planeta onde existem ventos constantes a energia eólica é uma fonte inesgotável e muito importante de eletricidade.

Figura 1.13 – A energia do vento é utilizada há muito tempo pelo homem.

Existem dois tipos básicos de turbinas eólicas: as de eixo horizontal e as de eixo vertical, ilustradas respectivamente nas Figuras 1.14 e 1.15.

Figura 1.14 – Gerador eólico de eletricidade com turbina de eixo horizontal.

Figura 1.15 – Gerador eólico de eletricidade com turbina de eixo vertical.

Grandes geradores eólicos, com potências de vários megawatts, usados em parques eólicos de eletricidade como o da Figura 1.16, empregam turbinas de eixo horizontal. Nessas turbinas é necessário fazer, através de sistemas automatizados, o ajuste da orientação das pás conforme a direção do vento.

As turbinas de eixo vertical são usadas em pequenos geradores eólicos que podem ser empregados para suprir necessidades locais de energia elétrica, instalados em residências ou no topo de edifícios, tanto em sistemas autônomos como em sistemas conectados à rede elétrica. Os geradores de eixo vertical têm a vantagem de poder aproveitar ventos em qualquer direção, portanto apresentam complexidade reduzida.

Desde o ano de 2004 o Brasil vem explorando com sucesso a energia eólica para a geração de eletricidade. O Programa de Incentivo às Fontes Alternativas de Energia Elétrica (Proinfa), criado pelo Governo Federal para incentivar o uso de biomassa, pequenas centrais hidrelétricas e energia eólica, foi responsável pela criação do setor de energia eólica no País. A indústria de energia eólica consolidou-se no Brasil e vem crescendo muito. Diversos parques de geração eólica já foram instalados e encontram-se em construção no País, especialmente nas regiões Nordeste e Sul, onde há bons regimes de ventos.

Figura 1.16 – Parque eólico de geração de eletricidade.

1.4.5 Energia oceânica

Os oceanos também podem ser uma fonte de energia para a geração de eletricidade. É possível extrair energia das ondas do mar, das correntes oceânicas ou do movimento das marés.

O movimento das marés é resultado da atração gravitacional do Sol e da Lua sobre a água dos oceanos. As ondas oceânicas têm origem indireta na energia solar e resultam da ação do vento sobre a água.

As correntes marítimas são resultado de diferenças de temperatura e densidade da água causadas pelo aquecimento solar.

O aproveitamento da energia das marés pode ser feito através do represamento da água, como nas usinas hidrelétricas. Na subida das marés um reservatório é cheio e na descida a água é escoada, como ilustra a Figura 1.17. O movimento da água é usado para acionar as pás de uma turbina acoplada a um gerador elétrico.

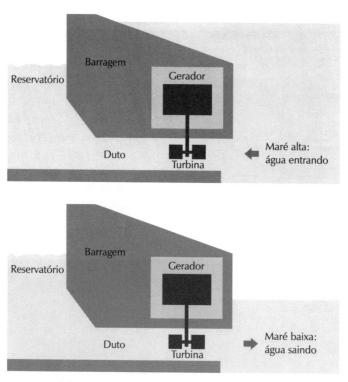

Figura 1.17 – Aproveitamento da energia das marés.

A energia das ondas do mar pode ser aproveitada para a geração de eletricidade através de sistemas com boias flutuantes, como mostrado na Figura 1.18. As boias capturam a energia cinética das ondas e acionam um mecanismo capaz de produzir eletricidade. Existe uma grande variedade de sistemas e mecanismos possíveis, mas todos têm em comum a utilização de boias que flutuam com as ondas. Esse tipo de sistema de geração de eletricidade parece bastante interessante diante do imenso potencial energético representado pelas ondas oceânicas.

Energia e Eletricidade

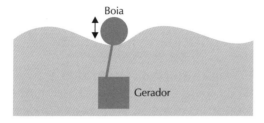

Figura 1.18 – Aproveitamento da energia das ondas do mar.

No terceiro modo de aproveitar a energia dos oceanos, turbinas submersas podem ser usadas para gerar eletricidade, capturando o movimento das correntes de água, como ilustrado na Figura 1.19.

Figura 1.19 – Aproveitamento da energia das correntes oceânicas.

1.4.6 Energia geotérmica

O calor do interior da Terra pode ser usado como fonte para aquecimento ou para a geração de eletricidade. Em algumas regiões do planeta é possível encontrar temperaturas elevadas a apenas algumas centenas de metros de profundidade, especialmente em regiões vulcânicas e onde existe a presença de gêiseres, que são fontes de água quente que brotam do solo.

Nas usinas geotérmicas para produção de eletricidade empregam-se tubulações subterrâneas de água com as quais é possível extrair o calor do subsolo e levá-lo até centrais geradoras, que utilizam turbinas a vapor para acionar geradores elétricos, como ilustra a Figura 1.20.

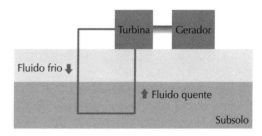

Figura 1.20 – Funcionamento de uma usina geotérmica de eletricidade.

1.4.7 Energia da biomassa

A energia da biomassa é obtida a partir da queima de compostos orgânicos de origem vegetal ou animal. Os combustíveis fósseis são uma forma de biomassa não renovável. A biomassa renovável, por outro lado, é constituída de compostos orgânicos, sobretudo vegetais, que podem ser repostos pelo plantio e não se esgotam.

Figura 1.21 – A biomassa vegetal é uma fonte renovável de energia.

Figura 1.22 – Usina de geração de energia elétrica a partir da queima da biomassa.

A biomassa renovável inclui a madeira, os dejetos agrícolas, a cana-de-açúcar, o milho e qualquer outra matéria vegetal que possa fornecer energia a partir da queima direta ou através da produção de biocombustíveis.

A cana-de-açúcar é uma tradicional fonte de combustíveis no Brasil e a queima do seu bagaço ainda pode ser aproveitada para produzir calor ou eletricidade.

Os combustíveis produzidos a partir da biomassa, como o etanol e o biodiesel, podem ser usados como fonte de energia para o transporte, nos motores a combustão, ou para a produção de eletricidade nas usinas termelétricas.

A biomassa vegetal pode ser reconstituída pelo plantio, portanto é uma fonte renovável de energia. Desconsiderando aspectos negativos como a necessidade de grandes áreas de plantio e a exaustão dos solos, a biomassa é considerada uma fonte limpa de energia, pois o carbono emitido na sua queima é depois capturado da atmosfera pelas plantas na realização da fotossíntese dentro de um ciclo fechado de queima e replantio.

1.5 Geração e uso de eletricidade no mundo

A energia elétrica, ou eletricidade, é a forma de energia mais flexível que existe. Ela pode ser transmitida a longas distâncias, desde o ponto de geração até o local de consumo, e pode ser convertida em luz, calor, movimento e informação.

O ser humano depende da energia elétrica para quase tudo. Em casa, no trabalho, no lazer e em todos os lugares o modo de vida moderno apoia-se cada vez mais na energia elétrica. Mas esse conforto tem um custo muito elevado para o planeta.

O Gráfico 1.1 mostra como tem crescido o consumo de energia elétrica no mundo desde 1980 e faz uma previsão de como será esse consumo até 2030.

Em 1980 o mundo todo consumia cerca de 7.000 TWh (terawatts-hora) ou 7.000.000 GWh (gigawatts-hora) de eletricidade. Segundo previsões da Agência Internacional de Energia (IEA), esse número vai subir para quase 30.000 TWh em 2030. A energia de 1 TWh equivale a 1 mil GWh ou 1 milhão de MWh (megawatts-hora) ou 1 trilhão de kWh (quilowatts-hora).

Uma residência brasileira consome em média de 300 kWh de eletricidade por mês. Nem todas as residências do mundo têm o mesmo padrão de consumo de energia elétrica. Nos países desenvolvidos uma residência comum gasta cerca de dez vezes mais energia do que uma residência situada num país em desenvolvimento como o Brasil.

Para que todos os habitantes do mundo possam ter um padrão de vida semelhante ao dos habitantes dos países ricos, a previsão do consumo de energia elétrica para

2030 terá de ser ainda maior. Independentemente de números ou de previsões, é certo que o mundo precisa de uma quantidade muito grande de energia elétrica para sustentar o seu consumo atual e para atender à demanda crescente.

Gráfico 1.1 – Previsão de consumo de energia elétrica no mundo até 2030

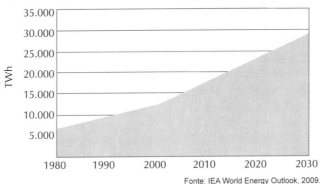

Fonte: IEA World Energy Outlook, 2009.

Para produzir 30.000 TWh ao ano são necessárias 230 usinas hidrelétricas iguais à de Itaipu ou 1.000 usinas nucleares iguais à de Fukushima, no Japão, que esteve envolvida num desastroso acidente nuclear em 2011.

Não existem rios suficientes no mundo para construir tantas usinas como a de Itaipu, e a humanidade não deseja utilizar a energia nuclear devido aos riscos que ela oferece. Atualmente existem cerca de 440 centrais termonucleares em operação no mundo. Seria necessário dobrar esse número para atender à demanda mundial de eletricidade em 2030, mas em muitos países existe um movimento contrário à instalação de novas usinas desse tipo. Um acidente nuclear em uma única usina pode levar milhões de pessoas à morte e pode inutilizar vastos territórios durante milhares de anos. Os acidentes com usinas nucleares são raros, mas são desastrosos quando acontecem.

Gráfico 1.2 – Uso das diversas fontes de energia para a geração de eletricidade no mundo

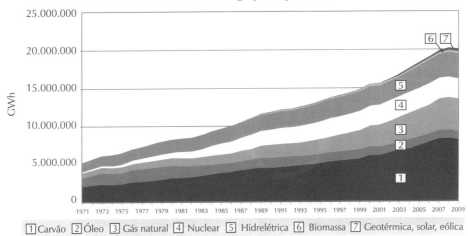

Fonte: IEA, 2011.

A eletricidade pode ser produzida de muitas formas. Grande parte da energia elétrica produzida em todo o planeta tem origem na queima de combustíveis fósseis e na energia nuclear. Apenas uma pequena parte tem origem em fontes renováveis. O Gráfico 1.2 mostra que cerca de 80% da energia elétrica consumida no mundo é produzida a partir da queima do carvão, do petróleo e do gás natural e a partir de usinas nucleares.

O conforto e a praticidade que a eletricidade proporciona ao ser humano apenas são possíveis à custa da exploração de combustíveis e minerais não renováveis, poluidores e perigosos. Quando acendemos uma lâmpada, ligamos o televisor ou usamos o chuveiro elétrico, estamos destruindo um pouco o nosso planeta e gastando recursos que se esgotam com o uso. Além da certeza de que esses recursos vão se esgotar algum dia, um aspecto muito negativo é o fato de que a queima dos combustíveis fósseis polui a atmosfera e contribui para o aquecimento do planeta pelo efeito estufa.

O ser humano precisa pensar com seriedade na ampliação do uso de fontes renováveis de energia nos próximos séculos. Embora as fontes renováveis representem hoje uma pequena parcela de nossa produção de eletricidade, o potencial para o emprego dessas fontes é muito grande e acredita-se que no futuro, mediante desenvolvimento tecnológico e investimentos nesse setor, toda a necessidade de eletricidade do mundo, ou pelo menos a maior parte dela, poderá ser provida por fontes renováveis e limpas. Tudo depende do empenho de empresas, governos e cidadãos do mundo inteiro para intensificar o uso das fontes de energia renováveis.

O Gráfico 1.3 ilustra uma previsão para o uso das diversas fontes de energia disponíveis no mundo até o ano de 2100. A participação das energias não renováveis será cada vez menor devido principalmente ao esgotamento das reservas de combustíveis fósseis. As energias solar e eólica, que hoje são apenas consideradas alternativas e têm pouca participação na matriz energética mundial, serão as principais fontes de energia para o futuro da humanidade. Pelas previsões, ocupará o lugar mais importante a energia solar fotovoltaica. É um prognóstico bastante otimista e muito favorável à preservação do planeta.

Gráfico 1.3 – Previsão para a participação das fontes de energia no mundo até o ano de 2100

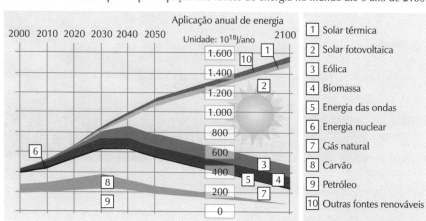

Fonte: www.solarwirtschaft.de

Os gráficos a seguir mostram como tem crescido o emprego das fontes de energia solar e eólica em todo o mundo nos últimos anos. No ano 2000 o mundo tinha menos de 5 GW (gigawatts) ou 5.000 MW (megawatts) de capacidade de geração de eletricidade com sistemas fotovoltaicos. Essa capacidade pulou para cerca de 40 GW em 2010 e não para de crescer.

O crescimento da geração de eletricidade com sistemas eólicos também cresceu muito, partindo de cerca de 25 GW em 2001 e pulando para mais de 200 GW em 2010 – um crescimento bastante expressivo.

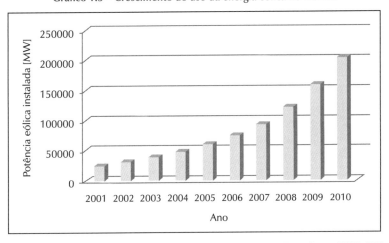

Gráfico 1.4 – Crescimento do uso da energia solar fotovoltaica no mundo

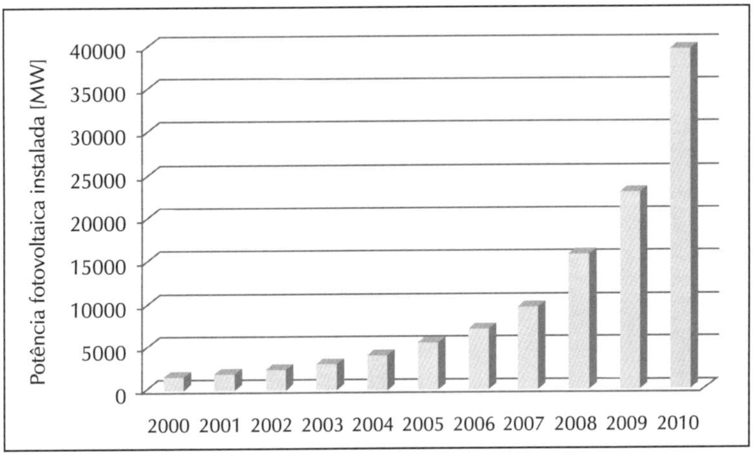

Fonte: Market Outlook For Photovoltaics Until 2015, EPIA.

Gráfico 1.5 – Crescimento do uso da energia eólica no mundo

Fonte: World Wind Energy Report, WWEA, 2009.

1.6 Geração distribuída de energia elétrica

A geração distribuída de energia elétrica é caracterizada pelo uso de geradores descentralizados, instalados próximo aos locais de consumo, conforme a ilustração da Figura 1.23. O modelo distribuído opõe-se ao modo tradicional de geração de energia elétrica baseado em grandes usinas construídas em locais distantes dos consumidores.

O uso da geração distribuída com fontes alternativas de energia elétrica tem crescido em todo o mundo e também no Brasil. As energias solar fotovoltaica e eólica são as fontes alternativas com maior potencial para utilização na geração distribuída de eletricidade.

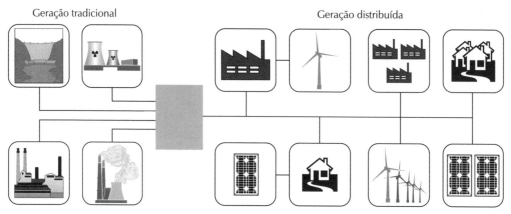

Figura 1.23 – A geração distribuída de energia elétrica consiste no uso de geradores descentralizados instalados próximo aos locais de consumo.

A modalidade de geração distribuída inclui parques de geração construídos em áreas abertas e também pequenos geradores conectados ao sistema elétrico e instalados dentro de zonas urbanas densamente povoadas. Esses geradores podem ser instalados em telhados de residências, empresas, escolas e centros comerciais, constituindo microusinas e miniusinas de geração de eletricidade conectadas ao sistema elétrico nacional.

Essas pequenas usinas são conectadas diretamente às redes de distribuição de baixa tensão, sem a necessidade de instalar transformadores ou linhas de transmissão de eletricidade. Além de fornecerem energia para o consumo local, por estarem conectadas ao sistema elétrico também contribuem com a geração de eletricidade de todo o País.

Em muitos países permite-se que usuários instalem microusinas para vender energia a outros consumidores. No Brasil as micro e miniusinas de eletricidade serão empregadas para abastecer o consumo próprio, podendo gerar créditos de energia nos períodos em que a geração é maior do que o consumo.

A instalação em massa de pequenos sistemas de geração distribuída vai contribuir para o aumento da disponibilidade de eletricidade em nosso País, ajudando a poupar água nos reservatórios das hidrelétricas nos períodos de seca. Além disso, os sistemas de geração distribuída vão reduzir a necessidade de construir usinas baseadas em fontes não renováveis.

Energia e Eletricidade

Figura 1.24 – Microusina fotovoltaica instalada em área residencial.

O uso de sistemas de geração distribuída baseados em fontes renováveis traz inúmeros benefícios para os usuários e para o sistema de abastecimento de eletricidade dos países que empregam essa modalidade de geração.

Além de proporcionar bem-estar e qualidade de vida com a introdução de fontes limpas de energia, a geração distribuída descentraliza a produção de energia, produzindo eletricidade perto do local de consumo e permitindo aliviar as linhas de transmissão e os sistemas de distribuição.

O uso em larga escala de sistemas distribuídos poderá reduzir a demanda por investimentos em linhas de transmissão e adiar a construção de usinas baseadas em fontes convencionais de energia.

No mundo inteiro a energia solar fotovoltaica é a fonte alternativa que tem recebido mais atenção. Os sistemas de geração distribuída baseados na energia solar fotovoltaica são muito adequados para a instalação em qualquer local onde haja bastante incidência de luz.

Praticamente todo o território brasileiro poderá utilizar esse tipo de geração de energia elétrica. Além de poderem constituir usinas de geração, competindo com as tradicionais fontes de energia, os sistemas fotovoltaicos, por se adaptarem facilmente à arquitetura e a qualquer tipo de espaço vazio onde haja incidência de luz, como paredes, fachadas e telhados de prédios e residências, podem ser facilmente instalados nas cidades e nos grandes centros urbanos. Eles permitem a produção local de energia elétrica limpa, sem a emissão de gases poluentes, resíduos ou ruídos, contribuindo para o suprimento de energia dos centros consumidores e ao mesmo tempo proporcionando a melhoria da qualidade de vida nas grandes cidades, tornando mais limpo o ar que respiramos e mais sustentável o nosso modo de vida.

Figura 1.25 – Miniusina fotovoltaica instalada no telhado de um prédio comercial.

O uso de microusinas fotovoltaicas em residências e prédios comerciais brasileiros pode aumentar a oferta de energia elétrica para sustentar o crescimento da demanda, principalmente para o consumo industrial, pois os sistemas fotovoltaicos vão gerar eletricidade durante o dia, justamente no período em que o consumo nas residências é menor e as indústrias demandam mais energia.

1.7 Fontes renováveis de energia no Brasil

Em comparação com outros países, o Brasil já emprega bastante as fontes de energia renováveis, pois quase toda a nossa eletricidade é obtida a partir de usinas hidrelétricas, como mostra o Gráfico 1.6. Em virtude disso, nossa busca por novas fontes renováveis não tem sido tão acelerada como no resto do mundo.

Entretanto, no total, o Brasil gera muito pouca energia elétrica em comparação com outros países. O Brasil possuía em 2009 uma capacidade de geração de energia elétrica de 105 GW. Isso representa apenas 10% da capacidade de geração de energia elétrica que possuem os principais países desenvolvidos. Para o País sustentar seu ritmo de crescimento e alcançar as grandes potências mundiais, vai ser necessário encontrar novas fontes de energia para a geração de eletricidade. As fontes renováveis alternativas, como a solar fotovoltaica e a eólica, terão um papel fundamental nessa busca.

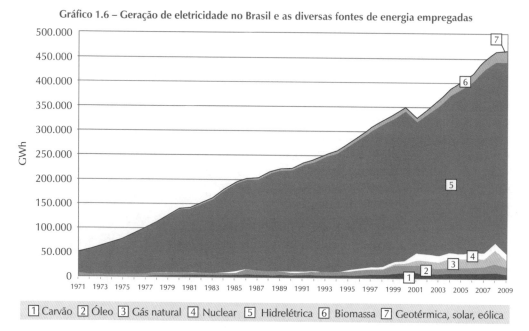

Gráfico 1.6 – Geração de eletricidade no Brasil e as diversas fontes de energia empregadas

[1] Carvão [2] Óleo [3] Gás natural [4] Nuclear [5] Hidrelétrica [6] Biomassa [7] Geotérmica, solar, eólica

Fonte: IEA, 2011.

Como se pode ver no Gráfico 1.6, recentemente o Brasil passou a empregar mais as fontes não renováveis, ou seja, os combustíveis fósseis (carvão, petróleo e gás) e a energia nuclear. Para reverter o crescimento do uso de energias sujas e sustentar seu crescimento econômico e populacional o Brasil tem a possibilidade de empregar as energias solar fotovoltaica e eólica.

Estudos da Empresa de Pesquisas Energéticas (EPE) indicam que existe ainda um enorme potencial de aproveitamento hidrelétrico. O Brasil pode chegar a 252 GW de geração de eletricidade com usinas hidrelétricas, ou seja, mais do que o dobro da eletricidade que conseguimos produzir atualmente, incluindo todas as fontes.

Entretanto, a fonte hidrelétrica não será suficiente para o Brasil alcançar uma geração de eletricidade comparável à dos Estados Unidos, Europa e China, por exemplo.

Sabe-se que existe um potencial de quase 150 GW para a utilização da energia eólica na geração de eletricidade no Brasil. Em 2011 havia apenas 1 GW de capacidade de geração instalada com essa fonte no País. O Brasil tem bons regimes de ventos no litoral, especialmente nas regiões Nordeste e Sul. Além disso, a maior parte da nossa população e do consumo de eletricidade está localizada numa faixa próxima do litoral, que é o local ideal para a instalação de geradores eólicos.

Nossa matriz de geração de eletricidade, baseada fortemente na energia hidrelétrica, oferece uma base excelente para a implantação das energias eólica e fotovoltaica. Devido à intermitência dessas fontes de energia, que estão sujeitas à disponibilidade inconstante de vento e da luz solar, a quantidade de energia por elas produzida pode variar muito ao longo de qualquer intervalo de tempo que for considerado (horas, dias, semanas ou meses).

As fontes de energia intermitentes funcionam bem quando complementam outras fontes que estão disponíveis com mais regularidade, como é o caso da energia hidrelétrica, que depende da quantidade de água armazenada nos reservatórios.

Uma maneira de enxergar a excelente complementaridade entre as energias eólica e fotovoltaica com a hidrelétrica é considerar o sistema hidrelétrico como uma grande bateria. A água armazenada nos lagos e reservatórios é a energia armazenada na bateria. Quando se acrescentam outras fontes de energia ao sistema, deixa-se de usar a energia armazenada na bateria. Se por acaso essas fontes falharem, devido a sua intermitência, tem-se à disposição a energia armazenada.

Somando os potenciais hidrelétrico, eólico e fotovoltaico do Brasil ainda inexplorados, pode-se calcular um potencial de geração de cerca de 600 GW de energia elétrica somente com fontes renováveis e limpas. Isso representa seis vezes a capacidade de geração disponível atualmente. A exploração de todo esse potencial de energia limpa permitiria ao Brasil abandonar o uso de combustíveis fósseis e energia nuclear na geração de eletricidade.

Desafios técnicos, políticos e econômicos precisam ser vencidos para a inserção das fontes solar e eólica no País. O primeiro desafio é a redução do custo da energia produzida por essas fontes, o que se consegue através do aumento da escala de utilização. Isso aconteceu com a energia eólica, que apresentou grande redução de custo desde os primeiros sistemas instalados. Espera-se que o mesmo comportamento seja observado com a energia solar fotovoltaica.

A inserção em larga escala de novas fontes de energia depende de regulamentações e da criação de normas técnicas, além de ações governamentais, através da concessão de estímulos, na forma de subsídios ou isenções, e da criação de linhas de financiamento para projetos de geração de eletricidade baseados em fontes renováveis. A energia eólica já venceu grande parte desses obstáculos e agora é a vez da energia solar fotovoltaica.

1.8 A energia solar fotovoltaica no Brasil

1.8.1 Situação atual

Não muito tempo atrás a energia solar fotovoltaica no Brasil era empregada exclusivamente em pequenos sistemas isolados ou autônomos instalados em locais não atendidos pela rede elétrica, em regiões de difícil acesso ou onde a instalação de linhas de distribuição de energia elétrica não é economicamente viável.

Sistemas fotovoltaicos autônomos são tradicionalmente usados na eletrificação de propriedades rurais, comunidades isoladas, bombeamento de água, centrais remotas de telecomunicações e sistemas de sinalização.

Muitas residências brasileiras passaram a ser atendidas por eletricidade com sistemas fotovoltaicos autônomos através do programa Luz Para Todos, criado pelo Governo Federal em 2003.

Embora os sistemas autônomos de energia solar fotovoltaica ainda sejam uma importante alternativa para locais que não possuem rede elétrica, o melhor uso dessa fonte ocorre com sistemas conectados à rede. O potencial de exploração dessa energia é imenso para a aplicação em micro e minissistemas de geração distribuída, bem como nos parques de geração que funcionam como grandes usinas de eletricidade.

O número de sistemas fotovoltaicos conectados à rede vem aumentando no Brasil, e sua utilização deverá ter um salto extraordinário nos próximos anos, o que foi possibilitado com a aprovação do uso de sistemas de geração conectados às redes de distribuição pela Agência Nacional de Energia Elétrica (Aneel) através da resolução nº 482 de 2012.

Um importante passo para a inserção da energia fotovoltaica no País foi o projeto estratégico "Arranjos Técnicos e Comerciais para a Inserção da Geração Solar Fotovoltaica na Matriz Energética Brasileira", lançado pela Aneel em 2011 em conjunto com empresas concessionárias de energia elétrica de todo o País. O projeto teve o objetivo de promover a criação de usinas experimentais de energia fotovoltaica interligadas ao sistema elétrico nacional.

Após essas primeiras experiências com usinas solares, diversas entidades públicas e privadas passaram a movimentar-se para implantar usinas solares de grande capacidade, o que foi possibilitado por leilões para a compra de eletricidade de fonte solar que começaram a ser realizados a partir dos anos 2014 e 2015. Como resultado, várias usinas solares já estão em operação e outras estão sendo construídas no País.

A perspectiva do mercado nacional de energia solar e a possibilidade de financiamentos pelo Finame (programa de financiamento de máquinas e equipamentos) do BNDES (Banco Nacional de Desenvolvimento), junto com outros incentivos para a instalação de indústrias em setores estratégicos, têm atraído a atenção de fabricantes mundiais de painéis solares e inversores eletrônicos no País.

Em vista desse promissor mercado, diversas empresas internacionais que controlam parcelas expressivas do mercado mundial de equipamentos para energia solar estão instalando fábricas e escritórios comerciais no Brasil.

Há inúmeros exemplos que mostram que o setor de energia, como já se sabe a partir da experiência de outros países, é um importante gerador de empregos e renda.

No Brasil, um país que experimentou crescimento econômico muito pequeno na última década, tendo iniciado o ano de 2015 com um cenário de crise energética e recessão, é muito positiva a possibilidade de expansão do setor de energia solar.

1.8.2 Potencial de utilização

A energia solar fotovoltaica apresenta mais regularidade no fornecimento de eletricidade do que a energia eólica e pode ser empregada em todo o território brasileiro, pois o País é privilegiado com elevadas taxas de irradiação solar em todas as regiões.

A quantidade de energia produzida por um sistema fotovoltaico depende da insolação do local onde é instalado. As regiões Nordeste e Centro-Oeste são as que possuem os maiores potenciais de aproveitamento da energia solar. Entretanto, as demais regiões não ficam muito atrás e também possuem consideráveis valores de insolação. A Região Sul é a menos privilegiada, mas ainda possui insolações melhores do que as encontradas em países que empregam largamente a energia solar fotovoltaica.

Em comparação com outros países que concentram a maior parte da geração fotovoltaica no mundo, o Brasil é muito privilegiado para a exploração dessa fonte de energia.

Atualmente a Alemanha é o país que mais usa a energia solar fotovoltaica. Sua capacidade instalada é cerca de 20 GW, superior à de todos os outros países juntos. Isso representa quase 5% de toda a eletricidade produzida naquele país.

A melhor insolação da Alemanha é cerca de 3500 Wh/m^2 (watt-hora por metro quadrado) por dia, disponível apenas em uma pequena parte ao sul do seu território. A maior parte do território alemão possui menos de 3500 Wh/m^2 diários de energia solar. Para comparação, o Brasil apresenta valores de insolação diária entre 4500 Wh/m^2 e 6000 Wh/m^2.

Dadas as dimensões territoriais e as elevadas taxas de irradiação solar brasileiras, é razoável esperar para o Brasil um potencial de geração fotovoltaica pelo menos dez vezes superior à capacidade instalada na Alemanha atualmente. Isso representaria 200 GW de eletricidade a partir da luz do Sol, ou seja, o dobro de toda a energia elétrica que produzimos hoje.

Com o imenso potencial fotovoltaico que o Brasil possui, o País poderá tornar-se um dos principais líderes mundiais no emprego de energias renováveis alternativas. Embora o País seja conhecido por possuir uma matriz de geração de eletricidade relativamente limpa e bastante renovável, essa situação não vai perdurar nos próximos anos sem o uso de novas fontes.

Existe muito espaço para o crescimento da energia solar fotovoltaica no País. Mais do que uma fonte alternativa, a energia fotovoltaica é uma opção viável e promissora para complementar e ampliar a geração de eletricidade. Os sistemas fotovoltaicos podem gerar eletricidade em qualquer espaço onde for possível instalar um painel fotovoltaico. Telhados e fachadas de prédios e residências poderão gerar eletricidade em áreas urbanas e usinas de eletricidade poderão ser construídas em áreas abertas de qualquer dimensão, próximas ou distantes dos centros de consumo. As condições climáticas e o espaço territorial do nosso País são extremamente favoráveis para a energia solar fotovoltaica.

1.8.3 Obstáculos

A exemplo do que ocorreu com a energia eólica e outras fontes alternativas, esperam-se mais ações para promover a inserção da energia fotovoltaica no Brasil.

Valorizada há muitas décadas nos países mais desenvolvidos do mundo, a energia fotovoltaica ficou esquecida durante muitos anos no Brasil, um País que possui luz solar em abundância. Pouco havia sido feito para impulsionar a energia fotovoltaica antes do ano de 2011.

O Proinfa, programa criado em 2004 pelo Governo Federal para promover o uso de fontes alternativas de energia, não incluiu a energia fotovoltaica. A energia fotovoltaica também estava de fora do Plano Decenal de Energia do Ministério de Minas e Energia e somente agora começou a despertar o interesse dos governantes. Não muito tempo atrás, governantes tratavam com desdém as energias alternativas, principalmente a solar, considerando-as fantasiosas e insuficientes para atender à demanda nacional (enquanto o restante do mundo há muito tempo busca incansavelmente novas fontes de energia).

O cenário está mudando e há uma excelente perspectiva para a expansão do uso da energia solar. Memo assim, atualmente a participação da energia fotovoltaica na matriz energética brasileira é praticamente desprezível. Apesar do enorme potencial de utilização, grande parte da nossa população ainda desconhece essa tecnologia.

Felizmente existem sinais muito positivos de que esse cenário será transformado nos próximos anos e a energia fotovoltaica será seriamente considerada uma alternativa energética para o Brasil, não somente com a criação de parques de geração, mas principalmente com o emprego de sistemas de geração distribuída conectados à rede elétrica de baixa tensão.

Vários fatores contribuíam e alguns ainda contribuem para o pouco uso da energia solar fotovoltaica no Brasil. Até o início do ano de 2012 o principal obstáculo era a ausência de regulamentação e de normas técnicas para o setor fotovoltaico, o que inibia o surgimento de uma indústria e de um mercado voltados para os sistemas de geração distribuída em baixa tensão, que são um importante nicho de aplicação da energia fotovoltaica.

Outros obstáculos podem ser citados. O custo da eletricidade gerada com a energia fotovoltaica ainda era considerado elevado em comparação com a energia hidrelétrica, e isso sempre foi apontado como um fator negativo para a inserção da energia fotovoltaica no País. Entretanto, esse obstáculo praticamente inexiste para as micro e miniusinas fotovoltaicas instaladas em zonas urbanas, onde o custo da energia elétrica é muito elevado devido à incidência dos impostos e dos custos de transmissão e distribuição no preço final da energia elétrica pago pelo consumidor.

Recentemente, no ano de 2015, os consumidores brasileiros experimentaram aumentos superiores a 60% nas suas contas de energia elétrica. Isso, apesar de ser uma triste notícia para a sociedade brasileira, reacendeu o interesse pela energia solar fotovoltaica.

Ao contrário do que se podia antes afirmar, a energia solar fotovoltaica é economicamente viável e muito competitiva diante do elevado custo da energia elétrica para o consumidor brasileiro e diante dos aumentos inflacionários esperados para os próximos anos.

A presença de um enorme potencial hidrelétrico ainda não explorado no País é um fator que também poderia atrapalhar a inserção da energia fotovoltaica em nossa matriz energética. Entretanto, a ausência de estratégias de longo prazo no setor de energia e atrasos em obras de construção de hidrelétricas fazem com que as usinas termelétricas sejam empregadas literalmente a todo vapor para evitar o colapso do fornecimento de energia elétrica no País. Além de serem altamente poluidoras, as usinas termelétricas movidas a gás, carvão e óleo produzem a energia mais cara de todas. Nesse contexto, as usinas solares podem ser usadas como salvadoras da pátria, pois produzem energia mais barata que as térmicas e sua instalação é muito rápida.

Como se vê, a existência de um potencial hidrelétrico inexplorado poderia tornar menos atraente o investimento em outras fontes de energia, entretanto o cenário atual aponta a necessidade de novas fontes em curtíssimo prazo. Quando se levam em conta as dificuldades para construir usinas hidrelétricas, relacionadas aos licenciamentos ambientais e ao enfrentamento da opinião pública acerca dos impactos causados pela construção de barragens, além do elevado custo das termelétricas, outras fontes de energia, incluindo a fotovoltaica, tornam-se muito vantajosas.

Finalmente existem os obstáculos econômicos. Faltam ainda incentivos governamentais, que poderiam surgir com a concessão de subsídios ou de linhas de crédito para pequenos e médios sistemas fotovoltaicos. Já existem programas de financiamento para projetos de alto custo, como as linhas "Fundo Clima" e "Energias Alternativas" do BNDES e a linha "Economia Verde" da Agência de Desenvolvimento do Estado de São Paulo, mas é aguardada a criação de programas nacionais para incentivar pequenos produtores, pessoas comuns ou pequenas empresas, a possuir micro e minissistemas de geração fotovoltaica instalados em seus telhados.

Em abril de 2015 foi anunciado um esforço do Confaz (Conselho Fazendário de Política Econômica), ligado ao Ministério da Fazenda, para eliminar a tributação sobre a energia produzida por micro e minissistemas de geração distribuída. Na situação atual, a energia exportada por esses sistemas é tributada por impostos estaduais (ICMS) e federais (PIS, Cofins). Essa tributação é um tanto absurda e a proposta do Confaz vem ao encontro do anseio da sociedade de produzir energia limpa e barata. Uma vez que a energia dos micro e minissistemas destina-se ao próprio consumo, a tributação não deveria existir. Embora isso pareça simples, a eliminação de tributos envolve questões políticas e acordos entre os governos dos estados e o Governo Federal.

1.8.4 Normas e regulamentação

Ao longo do ano de 2011 houve muitos avanços no setor de energia solar fotovoltaica no Brasil, especialmente com os resultados das discussões geradas pelo Grupo Setorial de Energia Fotovoltaica da Associação Brasileira da Indústria Elétrica e Eletrônica (Abinee) e pela comissão de estudos CE-03:082.01 do Comitê Brasileiro de Eletricidade, Eletrônica, Iluminação e Telecomunicações (Cobei), responsável pela elaboração das normas para a conexão de inversores fotovoltaicos à rede elétrica. Esses dois fóruns de discussão reuniram representantes de empresas e universidades com o objetivo de promover a energia fotovoltaica, propor mecanismos e discutir regras para a inserção dessa fonte renovável de energia na matriz brasileira.

Em abril de 2012 foi aprovada pela Agência Nacional de Energia Elétrica (Aneel) a minuta da resolução normativa nº 482, que permite a microgeração e a minigeração de energia elétrica a partir de fontes renováveis e alternativas com sistemas de geração distribuída conectados às redes elétricas de baixa tensão. A publicação dessa resolução foi um marco regulatório em nosso País, beneficiando a população e obrigando as concessionárias de energia elétrica a adaptar-se à entrada de sistemas de geração distribuída com fontes alternativas, dentre elas a fotovoltaica, em suas redes de distribuição de baixa tensão.

A resolução nº 482 da Aneel estabelece que cada cidadão brasileiro ou empresa poderá ter em seu telhado uma usina fotovoltaica produzindo eletricidade para a complementação do consumo próprio ou para a exportação de energia (nesse caso complementando a necessidade de energia de outra localidade, de acordo com as regras da Aneel). Em linhas gerais, a resolução estabelece as condições para o acesso de microgeração e minigeração distribuída aos sistemas de distribuição de energia elétrica e cria o sistema de compensação de créditos de energia elétrica para autoprodutores de energia.

Em março de 2012, como resultado das discussões técnicas ocorridas na comissão CE-03:082.01 do Cobei, foi publicada a norma técnica ABNT NBR IEC 62116:2012 sobre o procedimento de ensaio de anti--ilhamento para inversores fotovoltaicos conectados à rede elétrica.

Em meados de 2012, iniciaram-se as primeiras discussões da comissão CE-03:064.01 do Cobei sobre os procedimentos para a conexão dos sistemas fotovoltaicos à rede elétrica, tratando dos sistemas de proteção, da especificação dos elementos elétricos e outros aspectos relacionados à inserção desses sistemas nas redes de distribuição de baixa tensão, em complementação à norma NBR 5410 para sistemas elétricos.

Atualmente estão vigentes as seguintes normas da ABNT relativas aos sistemas fotovoltaicos conectados à rede: ABNT NBR 16149 "Características da interface de conexão com a rede elétrica de distribuição"; ABNT NBR 16150 "Características da interface de conexão com a rede elétrica de distribuição - Procedimento de ensaio de conformidade"; ABNT NBR 16274 "Requisitos mínimos para documentação, ensaios de comissionamento, inspeção e avaliação de desempenho"; e ABNT NBR IEC 62116 "Procedimento de ensaio de anti-ilhamento para inversores de sistemas fotovoltaicos conectados à rede elétrica".

São ainda um tanto incipientes no País os conhecimentos sobre a construção e a operação de plantas de energia solar fotovoltaica conectadas à rede elétrica de distribuição de baixa tensão. As normas publicadas recentemente e atualmente em discussão trarão importantes esclarecimentos para consumidores, fabricantes de equipamentos, instaladores e concessionárias de energia elétrica.

1.8.5 Benefícios

Quando as barreiras técnicas, regulatórias e econômicas forem totalmente vencidas, será criada na sociedade brasileira a cultura da geração de eletricidade com sistemas fotovoltaicos. Os sistemas fotovoltaicos conectados à rede, disseminados na forma de micro e miniusinas de eletricidade, permitirão ampliar a oferta de energia elétrica e ao mesmo tempo contribuir para a manutenção da característica renovável de nossa matriz energética.

Quando instalado em uma região urbana e ligado diretamente à rede elétrica de baixa tensão, o sistema fotovoltaico produz eletricidade a um custo muito competitivo e pode ser empregado para reduzir a conta de eletricidade do consumidor. Os sistemas fotovoltaicos tornam-se ainda mais vantajosos se considerarmos a inflação do preço da energia elétrica. Uma residência ou empresa que instala um sistema fotovoltaico em seu telhado fica imune aos aumentos de preços e garante o abastecimento de eletricidade por pelo menos 25 anos, que é o tempo mínimo de vida útil de um sistema fotovoltaico, e consegue pagar o investimento em poucos anos com a energia produzida.

Além do aumento da disponibilidade de eletricidade e dos benefícios ambientais do uso de uma fonte renovável, a inserção da energia solar fotovoltaica no País vai impulsionar o desenvolvimento tecnológico, criar empregos e movimentar a economia nacional. A massificação da micro e da minigeração de eletricidade com sistemas fotovoltaicos conectados à rede vai criar empregos no desenvolvimento e na fabricação de painéis fotovoltaicos, inversores eletrônicos e acessórios, além gerar enorme demanda de profissionais no setor de serviços de instalação, manutenção e treinamentos.

No lugar de grandes investimentos concentrados necessários para a construção de usinas convencionais de eletricidade, como as hidrelétricas, nucleares e termelétricas, a geração distribuída de eletricidade com sistemas fotovoltaicos tem a possibilidade de pulverizar investimentos e recursos, criando milhares de empregos diretos e indiretos em todas as regiões do País.

Exercícios

1. Cite fontes de energia que têm origem no calor e na luz do Sol.

2. Defina os conceitos de energia renovável, não renovável, limpa e alternativa.

3. Cite aspectos negativos das fontes de energia renováveis e das não renováveis.

4. Quais são os dois tipos básicos de geradores eólicos, e qual é a diferença entre eles?

5. Qual é a diferença entre a energia solar térmica e a solar fotovoltaica?

6. Quais são as possíveis formas de utilizar a energia solar fotovoltaica?

7. Cite os benefícios da energia solar fotovoltaica.

8. Quando foi criado e o que é o programa Proinfa?

9. Qual é a capacidade de geração de energia elétrica existente no Brasil atualmente, e qual é o potencial de crescimento com energias renováveis?

10. Cite as fontes de energia empregadas na geração de eletricidade em todo o mundo. Quais são as mais utilizadas? Essas fontes são renováveis e limpas?

11. Segundo previsões, qual será a fonte de energia mais empregada no próximo século?

Anotações

Conceitos Básicos

2.1 Radiação solar

A energia do Sol é transmitida para o nosso planeta através do espaço na forma de radiação eletromagnética. Essa radiação é constituída de ondas eletromagnéticas que possuem frequências e comprimentos de onda diferentes.

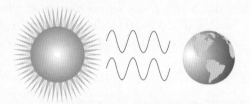

Figura 2.1 – A energia do Sol, que aquece e ilumina a Terra, é transmitida na forma de ondas de radiação eletromagnética.

A energia que uma onda pode transmitir está associada à sua frequência. Quanto maior a frequência, maior a energia transmitida. O comprimento da onda eletromagnética é inversamente proporcional à frequência. Em outras palavras, quanto maior a frequência da onda, menor o seu comprimento.

A equação seguinte, conhecida como relação de Planck ou equação de Planck-Einstein, mostra a relação entre a frequência e a energia de uma onda eletromagnética:

$$E = h \cdot f$$

em que E é a energia da onda (expressa em joules [J] ou elétrons-volt [eV]), f, sua frequência (expressa em hertz [Hz]), e h, uma constante física de proporcionalidade, chamada constante de Planck, que vale aproximadamente $6{,}636.10^{-34}$ [J.s].

A luz viaja com uma velocidade constante no vácuo do espaço extraterrestre. A fórmula matemática apresentada em seguida relaciona a frequência, o comprimento da onda e a velocidade da onda eletromagnética:

$$c = \lambda \cdot f$$

em que c é a velocidade da luz no vácuo (aproximadamente 300.000 km/s), λ é o comprimento da onda (expressa em submúltiplos de metros) e f é a frequência da onda (em hertz).

Figura 2.2 – A luz é uma onda eletromagnética que se propaga no vácuo com velocidade constante. O comprimento da onda está relacionado com sua frequência e sua velocidade.

As ondas eletromagnéticas vindas do Sol podem produzir efeitos diversos sobre os objetos e os seres vivos. Uma pequena parte das ondas pode ser captada pelo olho humano e representa o que chamamos de luz visível. Outra parte da radiação solar não pode ser vista pelo olho humano e sua presença pode ser percebida de outras formas.

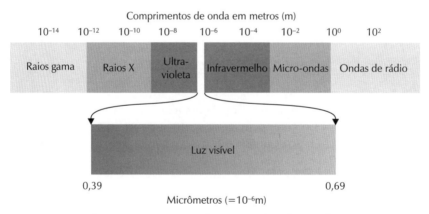

Figura 2.3 – Composição do espectro da radiação solar.

Chama-se espectro da radiação solar o conjunto de todas as frequências de ondas eletromagnéticas emitidas pelo Sol. Todo o espectro de radiação, incluindo as ondas visíveis ao olho humano e as não visíveis, transporta energia que pode ser captada na forma de calor ou luz.

> No espaço extraterrestre, antes de atingir a atmosfera, a energia da radiação solar é composta aproximadamente de 50% de luz visível, 45% de radiação invisível infravermelha e 5% de radiação invisível ultravioleta. A luz visível, que pode ser captada pelo olho humano, é a parte do espectro que podemos enxergar e é a mesma utilizada pelas plantas para a realização da fotossíntese.

A captação do calor solar é a transformação da energia eletromagnética em energia térmica pelos corpos e materiais que recebem sua radiação. Quando as ondas eletromagnéticas incidem sobre um corpo que tem a capacidade de absorver radiação, a energia eletromagnética é transformada em energia cinética e transmitida para as moléculas e átomos que compõem esse corpo. Esse processo corresponde à transmissão de calor ou energia térmica. Quanto maior o estado de agitação dos átomos e moléculas, maior a temperatura do corpo. Em outras palavras, a temperatura de um corpo depende da energia térmica que ele possui. Essa energia pode aumentar ou diminuir, dependendo da quantidade de radiação recebida por ele.

As ondas eletromagnéticas, ao incidirem sobre determinados materiais, em vez de transmitir calor, podem produzir alterações nas propriedades elétricas ou originar tensões e correntes elétricas. Existem diversos efeitos elétricos da radiação eletromagnética sobre os corpos, sendo dois deles os efeitos fotovoltaico e fotoelétrico, ilustrados na Figura 2.4.

O efeito fotovoltaico, que é a base dos sistemas de energia solar fotovoltaica para a produção de eletricidade, consiste na transformação da radiação eletromagnética do Sol em energia elétrica através da criação de uma diferença de potencial, ou uma tensão elétrica, sobre uma célula formada por um sanduíche de materiais semicondutores. Se a célula for conectada a dois eletrodos, haverá tensão elétrica sobre eles. Se houver um caminho elétrico entre os dois eletrodos, surgirá uma corrente elétrica.

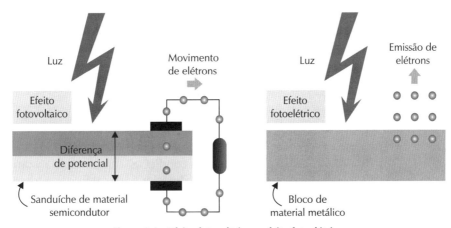

Figura 2.4 – Efeito fotovoltaico e efeito fotoelétrico.

O efeito fotoelétrico ocorre em materiais metálicos e não metálicos sólidos, líquidos ou gasosos. Ele ocasiona a remoção de elétrons, mas não é capaz de criar uma tensão elétrica sobre o material. O efeito fotoelétrico é muitas vezes confundido com o efeito fotovoltaico; embora estejam relacionados, são fenômenos diferentes.

2.2 Massa de ar

A radiação solar sofre diversas alterações quando atravessa a atmosfera terrestre. As características da radiação solar que chega ao solo dependem da espessura da camada de ar e da composição da atmosfera, incluindo o ar e os elementos suspensos, como o vapor de água e a poeira.

A espessura da camada de ar atravessada pelos raios solares depende do comprimento do trajeto até o solo. Esse trajeto depende do ângulo de inclinação do Sol com relação à linha do zênite, ou ângulo zenital do Sol, ilustrado na Figura 2.5.

> O **zênite** é uma linha imaginária perpendicular ao solo. O **ângulo zenital** do Sol é zero quando ele se encontra exatamente acima do observador.
>
> A espessura da **massa de ar** atravessada pelos raios solares na atmosfera depende do ângulo zenital do Sol.

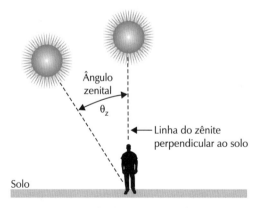

Figura 2.5 – Linha do zênite e ângulo zenital.

A massa de ar é internacionalmente definida pela sigla AM (do inglês *Air Mass*) e calculada como:

$$AM = \frac{1}{\cos\theta_Z}$$

em que θ_Z é o ângulo zenital do Sol, conforme a Figura 2.5.

A Figura 2.6 mostra como o trajeto dos raios solares depende do ângulo zenital do Sol. Um ângulo maior corresponde a uma camada de ar mais espessa, portanto há uma influência maior da atmosfera sobre a radiação solar.

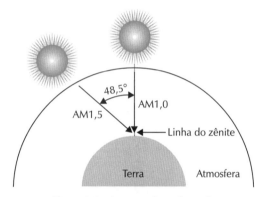

Figura 2.6 – A massa de ar depende do ângulo zenital do Sol.

A distribuição de energia do espectro de radiação solar depende da localização geográfica, da hora do dia, do dia do ano, das condições climáticas, da composição da atmosfera, da altitude e de diversos outros fatores.

O perfil característico médio da radiação solar em uma determinada localidade varia em função da massa de ar e pode ser obtido experimentalmente. O Gráfico 2.1 mostra a distribuição AM1,5, obtida para o ângulo zenital $\theta_Z = 48,5°$. No mesmo gráfico apresenta-se a distribuição AM0, que corresponde à radiação solar no espaço extraterrestre, sem a influência da atmosfera.

Gráfico 2.1 – Características da radiação solar para as massas de ar AM0 e AM1,5

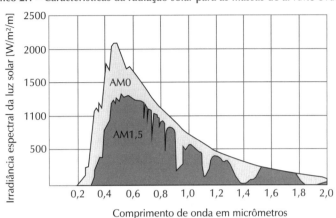

Em cada região do planeta a radiação solar sofre efeitos diferentes ao cruzar a atmosfera. A distribuição espectral AM1,5 corresponde ao comportamento médio da radiação solar ao longo de um ano em países temperados do hemisfério norte. Esses países são aqueles localizados entre o trópico de Câncer e o círculo Ártico, mostrados na Figura 2.7.

Nos países dentro da zona tropical do planeta, situada entre os trópicos de Câncer e Capricórnio, os raios solares incidem com ângulos azimutais menores e por isso ficam sujeitos a massas de ar reduzidas. Por essa razão as zonas tropicais são mais iluminadas e quentes do que as temperadas.

A massa de ar AM1,5 e sua respectiva distribuição espectral de energia tornaram-se padrões para o estudo e a análise dos sistemas fotovoltaicos, pois a tecnologia fotovoltaica surgiu e desenvolveu-se em países do hemisfério norte, principalmente na Europa e nos Estados Unidos. A massa de ar AM1,5 é usada mundialmente como referência e citada em praticamente todos os catálogos de fabricantes de células e módulos fotovoltaicos.

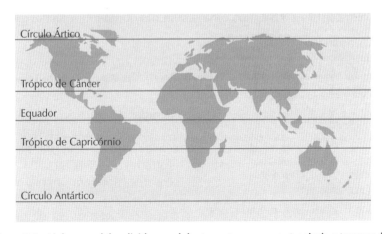

Figura 2.7 – Linhas paralelas dividem o globo terrestre em zonas tropicais e temperadas.

2.3 Tipos de radiação solar

A radiação solar sofre a influência do ar atmosférico, das nuvens e da poluição antes de chegar ao solo e poder ser captada por células e módulos fotovoltaicos.

A radiação que atinge uma superfície horizontal do solo é composta por raios solares que chegam de todas as direções e são absorvidos, espalhados e refletidos pelas moléculas de ar, vapor, poeira e nuvens.

A radiação global é a soma da radiação direta e da radiação difusa. A radiação direta corresponde aos raios solares que chegam diretamente do Sol em linha reta e incidem sobre o plano horizontal com uma inclinação que depende do ângulo zenital do Sol.

A radiação difusa corresponde aos raios solares que chegam indiretamente ao plano. É resultado da difração na atmosfera e da reflexão da luz na poeira, nas nuvens e em outros objetos.

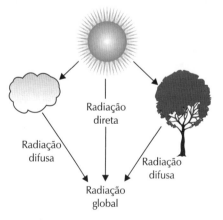

Figura 2.8 – A radiação global é a soma das radiações direta e difusa.

A radiação global pode ser medida por um instrumento denominado piranômetro, ilustrado na Figura 2.9, que consiste em uma redoma de vidro que recebe luz de todas as direções e a concentra em um sensor de radiação solar instalado em seu interior.

A radiação direta pode ser medida com um instrumento chamado pireliômetro, ilustrado na Figura 2.10, composto por um sensor de radiação solar instalado dentro de um tubo com uma abertura de luz estreita, de modo que somente a luz direta, recebida do Sol em linha reta, possa alcançar o sensor.

Figura 2.9 – Piranômetro para a medida da radiação solar global.

Figura 2.10 – Pireliômetro para a medida da radiação solar direta.

Medidas de radiação solar também podem ser realizadas com sensores baseados em células fotovoltaicas de silício, como os ilustrados nas Figuras 2.11 e 2.12. Esses sensores capturam uma faixa mais estreita do espectro solar e não conseguem distinguir a radiação direta da difusa, mas são suficientes para a maior parte das aplicações fotovoltaicas. São sensores de baixo custo que permitem avaliar o desempenho dos módulos fotovoltaicos que fazem parte de uma instalação.

Figura 2.11 – Sensor de radiação solar com célula fotovoltaica de silício.

Figura 2.12 – Medidor de radiação solar portátil.

Para propósitos práticos, a análise da radiação solar ao nível do solo é realizada com a medição e a quantificação da potência ou da energia da radiação recebida do Sol em uma determinada área de superfície plana, considerando toda a faixa de frequências do espectro da luz solar, visíveis e não visíveis ao olho humano, dentro das limitações do sensor. Cada tipo de sensor possui a capacidade de enxergar uma porção maior ou menor do espectro. A faixa de frequências do sensor é especificada pelo fabricante e determina a precisão e o custo do equipamento.

2.4 Energia solar

2.4.1 Irradiância

Uma grandeza empregada para quantificar a radiação solar é a irradiância, geralmente chamada também de irradiação, expressa na unidade de W/m^2 (watt por metro quadrado). Trata-se de uma unidade de potência por área. Como se sabe, a potência é uma grandeza física que expressa a energia transportada durante um certo intervalo de tempo, ou a taxa de variação da energia com o tempo. Quanto maior a potência da radiação solar, mais energia ela transporta em um determinado intervalo de tempo.

Os sensores de radiação solar mostrados aqui anteriormente fornecem medidas de irradiância. Na superfície terrestre a irradiância da luz solar é tipicamente em torno de 1000 W/m^2. No espaço extraterrestre, na distância média entre o Sol e a Terra, a irradiância é cerca de 1353 W/m^2.

A irradiância de 1000 W/m^2 é adotada como padrão na indústria fotovoltaica para a especificação e avaliação de células e módulos fotovoltaicos. Assim como a massa de ar AM1,5, a irradiância de 1000 W/m^2 é mencionada em praticamente todos os catálogos de fabricantes de dispositivos fotovoltaicos.

A medida da irradiância em W/m^2 é muito útil para avaliar a eficiência dos dispositivos e sistemas fotovoltaicos. Com o valor padrão de 1000 W/m^2 as eficiências das células e módulos fotovoltaicos de diversos fabricantes podem ser especificadas e comparadas com base numa condição padrão de radiação solar.

Medindo-se a irradiância com um sensor e armazenando-se os valores obtidos ao longo de um dia, pode-se calcular a quantidade de energia recebida do Sol por uma determinada área naquele dia. O mesmo procedimento pode ser usado para calcular a energia solar recebida ao longo de uma semana, um mês ou um ano. No estudo da radiação solar e dos sistemas fotovoltaicos é muito comum quantificar a energia diária recebida do Sol, como veremos na próxima seção.

O Gráfico 2.2 mostra a irradiância solar ao longo de um dia. Em cada instante de tempo é realizada uma medida. Fazendo-se a integração dos valores de irradiância ao longo do tempo, ou seja, calculando-se a área embaixo da curva, obtém-se o valor da energia recebida do Sol durante o dia por unidade de área, denominada insolação.

Gráfico 2.2 – Perfil da irradiância solar ao longo de um dia

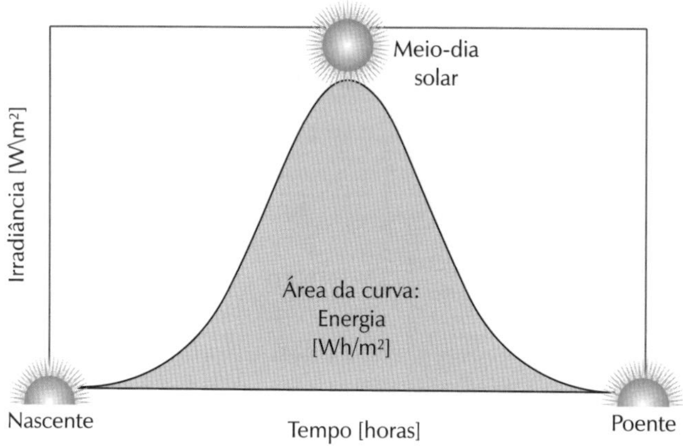

2.4.2 Insolação

A insolação é a grandeza utilizada para expressar a energia solar que incide sobre uma determinada área de superfície plana ao longo de um determinado intervalo de tempo. Sua unidade é o Wh/m^2 (watt-hora por metro quadrado). O watt-hora é uma unidade física de energia e o watt-hora por metro quadrado expressa a densidade de energia por área.

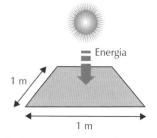

Figura 2.13 – A insolação é a energia recebida do Sol (em Wh) por unidade de área (m^2) durante um determinado intervalo de tempo (um dia, por exemplo).

A medida de insolação em Wh/m² é muito útil para fazer o dimensionamento dos sistemas fotovoltaicos, como veremos posteriormente. Na prática encontramos tabelas e mapas de insolação que fornecem valores diários expressos em Wh/m²/dia (watt-hora por metro quadrado por dia).

Estações solarimétricas com sensores de radiação solar são empregadas para fazer o levantamento da insolação em vários pontos do globo terrestre. Bancos de dados com informações de insolação de todo o planeta podem ser construídos a partir de medidas experimentais e a partir da interpolação dos dados obtidos dos sensores.

Os dados de insolação são disponibilizados ao público na forma de tabelas, mapas solarimétricos e ferramentas computacionais.

Para o uso prático, na análise e no dimensionamento de instalações fotovoltaicas, podemos recorrer às ferramentas mostradas no Apêndice (no final deste livro) para a obtenção de dados de irradiação solar de qualquer local desejado.

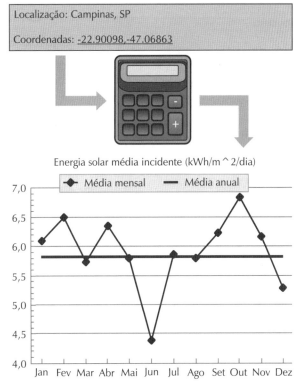

Figura 2.14 – Dados de insolação fornecidos por uma ferramenta computacional.
Veja informações sobre ferramentas no Apêndice, no final do livro, e no site www.guiasolar.com.br.

A Figura 2.14 ilustra o uso de uma ferramenta computacional para a obtenção de informações sobre a irradiação solar de uma determinada localidade. Mais informações sobre o uso de ferramentas deste tipo são mostradas no Apêndice, no final deste livro, e no website www.guiasolar.com.br. Com essas ferramentas é possível obter o valor da energia recebida do Sol por metro quadrado em qualquer lugar do Brasil ou do mundo, bastando localizar as coordenadas geográficas do local desejado. Essas ferramentas fornecem gráficos ou tabelas com os valores médios mensais e anuais de irradiação solar. Esses valores são úteis para o dimensionamento de sistemas fotovoltaicos, como será visto adiante.

Para dimensionamentos rápidos de sistemas fotovoltaicos, sem a necessidade de muita precisão, é possível recorrer a um mapa de insolação que mostra o valor da energia por metro quadrado recebida do Sol diariamente em diversas regiões do Brasil. O mapa mostrado na Figura 2.15 abrange todo o território brasileiro e pode ser encontrado na 2ª Edição do Atlas de Energia Elétrica do Brasil, publicado em 2005 pela Aneel. Os valores de insolação são divididos em oito faixas entre 4500 $Wh/m^2/dia$ e 6100 $Wh/m^2/dia$, que são a pior e a melhor médias anuais de insolação diária do território brasileiro.

É importante destacar que a insolação de um determinado local é diferente para cada dia do ano. Os dados apresentados no mapa da Figura 2.15 referem-se à média de insolação de todos os dias do ano. O gráfico da Figura 2.14 mostra como a insolação de um local varia em cada mês do ano. Essa variação é resultado da influência dos diferentes níveis de radiação solar nas estações do ano, da ocorrência de chuvas e da presença de mais ou menos nuvens no céu em determinadas épocas do ano.

Para fazer com precisão o dimensionamento de um sistema fotovoltaico é recomendável utilizar softwares para dimensionamento de sistemas solares (como o PVSyst), pois eles fornecem os valores exatos de insolação para uma determinada localização geográfica e para um determinado mês do ano.

O **mapa de insolação** mostra a energia recebida do Sol ao nível do solo em determinado local. Essa energia é a medida da insolação diária, expressa em $Wh/m^2/dia$ (watt-hora por metro quadrado e por dia), ou seja, a quantidade de energia (watt-hora) recebida do Sol por cada metro quadrado de área durante o período de um dia. Insolação (Wh/m^2) é diferente de irradiância (W/m^2). Em resumo:

Irradiância é a medida de potência por metro quadrado, ou seja, uma densidade de potência. É expressa em W/m^2 (watt por metro quadrado).

Insolação ou Irradiação é a medida de energia por metro quadrado. Normalmente se usa a medida de insolação diária expressa em $Wh/m^2/dia$ (watt-hora por metro quadrado por dia).

Conceitos Básicos

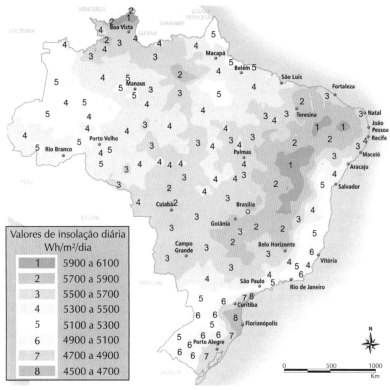

Adaptado de: Atlas de Energia Elétrica do Brasil, Aneel, 2ª edição.

Figura 2.15 – Mapa de insolação do território brasileiro.

2.5 Orientação dos módulos fotovoltaicos

Nos próximos capítulos vamos aprender como funcionam os módulos fotovoltaicos e como podem ser empregados na construção de sistemas para a produção de energia elétrica.

Vamos agora compreender o modo como os raios solares chegam à Terra e como isso afeta a maneira de instalação dos módulos solares.

Algum conhecimento sobre a incidência dos raios solares em nosso planeta é necessário para que os módulos sejam instalados corretamente, fazendo-os captar a energia solar da melhor maneira possível.

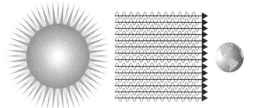

Figura 2.16 – Os raios solares chegam à Terra em linha reta e são paralelos entre si antes de cruzar a atmosfera.

Os raios solares são ondas eletromagnéticas paralelas entre si que chegam à Terra em linha reta, como indica a Figura 2.16. Para o estudo da radiação solar em aplicações fotovoltaicas é suficiente considerar que os raios são linhas retas.

Ao cruzar a atmosfera terrestre os raios sofrem o efeito da difusão e são desviados e refletidos em todas as direções, mas a maior parte deles, que corresponde à radiação direta, continua sua trajetória em linha reta.

Em cada ponto do planeta a radiação direta incide no solo com uma inclinação diferente. Essa inclinação varia ao longo dos dias e meses do ano, de acordo com a posição da Terra e do Sol no espaço.

Não podemos fazer nada para melhorar a captação da radiação difusa, pois ela chega até a superfície terrestre de maneira aleatória e irregular. Entretanto, é possível instalar os módulos solares de modo a maximizar a captação da radiação direta, melhorando assim o aproveitamento da radiação solar global.

2.6 Ângulo azimutal

O azimutal é o ângulo de orientação dos raios solares com relação ao norte geográfico, como mostra a Figura 2.17. O Sol, em sua trajetória no céu desde o nascente até o poente, descreve diferentes ângulos azimutais ao longo do dia.

Isso significa que um observador localizado no hemisfério sul, abaixo da linha do equador, quando estiver olhando para o Norte, verá o Sol com ângulos variáveis do seu lado direito no período da manhã e do lado esquerdo no período da tarde. Ao meio-dia solar o observador verá o Sol exatamente à sua frente, o que representa o ângulo azimutal nulo.

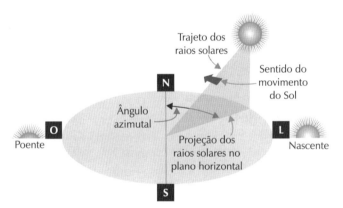

Figura 2.17 – O azimutal é o ângulo de incidência dos raios solares em relação ao norte geográfico.

No hemisfério sul, quando o ângulo do azimute solar coincide com o norte polar da Terra, dizemos que o seu ângulo azimutal é zero, e essa situação é chamada de meio-dia solar. Para observadores localizados no hemisfério norte, o ângulo azimutal é medido em relação ao sul geográfico.

Quando o ângulo azimutal é nulo, o Sol está na metade do trajeto que percorre do instante em que nasce até o instante em que se põe. Nem sempre o ângulo azimutal zero coincide com o meio-dia horário.

A instalação correta de um módulo solar fotovoltaico deve levar em conta o movimento diário do Sol. Um módulo instalado com sua face voltada para o Leste, como indica a

Figura 2.18, fará o aproveitamento da energia solar somente no período da manhã. No período da tarde, após o meio-dia solar, os raios solares vão deixar de incidir sobre a face do módulo e sua energia não será aproveitada. Da mesma forma, se o módulo estiver com sua face voltada para o Oeste, será capaz de aproveitar a energia solar somente no período da tarde.

A melhor maneira de instalar um módulo solar fixo, sem um sistema de rastreamento solar, é orientá-lo com sua face voltada para o norte geográfico, conforme a Figura 2.19. Essa orientação melhora o aproveitamento da luz solar ao longo do dia, pois durante todo o tempo o módulo tem raios solares incidindo sobre sua superfície, com maior incidência ao meio-dia solar, quando o módulo fica exatamente de frente para o Sol, ou seja, com ângulo azimutal zero. Nas localidades que estão acima da linha do equador deve-se orientar o painel para o sul geográfico.

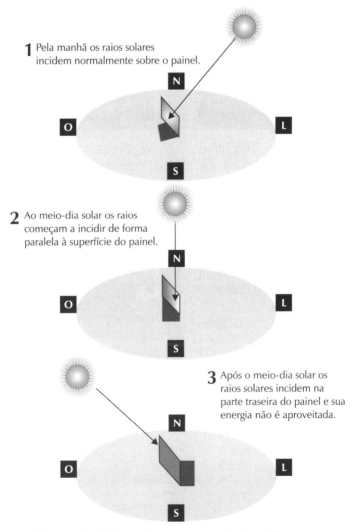

Figura 2.18 – Módulo solar com orientação azimutal incorreta.

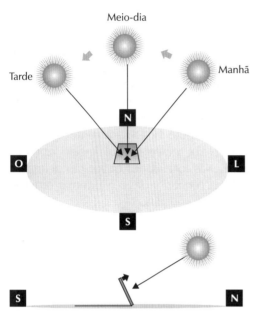

Figura 2.19 – Orientação azimutal correta do módulo solar, com sua face voltada para o norte geográfico.

O norte geográfico pode ser encontrado indiretamente com o uso de uma bússola.

A agulha da bússola sempre fica alinhada no sentido das linhas do campo magnético da Terra. Essas linhas distribuem-se pelo globo terrestre de maneira irregular, de modo que nem sempre a agulha aponta para o norte geográfico.

Para descobrirmos a direção do norte geográfico, ou norte real, podemos utilizar uma tabela ou um mapa com ângulos de correção, como o da Figura 2.20. Em cada região do Brasil é necessário subtrair um ângulo de correção do ângulo encontrado na leitura da bússola.

O ângulo de correção varia de acordo com a localização geográfica e também com o tempo. Ao longo do tempo as linhas magnéticas da Terra vão mudando de posição e o mapa precisa ser corrigido. Entretanto essas mudanças são lentas e ocorrem ao longo de centenas de anos, de modo que não precisamos nos preocupar em demasia com isso.

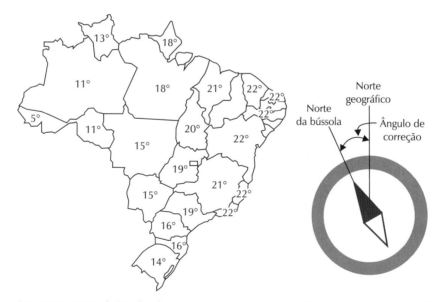

Figura 2.20 – Mapa de ângulos de correção para encontrar o norte geográfico, ou norte real, a partir da indicação do norte magnético por uma bússola. Para saber a direção do norte real, subtrai-se o ângulo de correção do ângulo indicado pela bússola.

2.7 Movimentos da Terra

A Terra descreve uma trajetória elíptica em seu movimento de translação em torno do Sol. Um trajeto completo tem a duração de aproximadamente 365 dias e seis horas.

A duração do ano do calendário é 365 dias. A cada quatro anos tem-se um ano bissexto, que possui um dia a mais devido à diferença de seis horas entre o ano do calendário e o ano real, que corresponde a uma volta completa da Terra em torno do Sol.

Ao mesmo tempo em que orbita o Sol, nosso planeta gira em torno de seu próprio eixo no movimento chamado rotação. Um movimento de rotação completo dura 24 horas. Os movimentos de translação e rotação são ilustrados na Figura 2.21.

O eixo de rotação da Terra, que é o eixo dos polos norte e sul geográficos, é levemente inclinado num ângulo de aproximadamente 23,5° com relação ao eixo do movimento da órbita de translação, como ilustra a Figura 2.22.

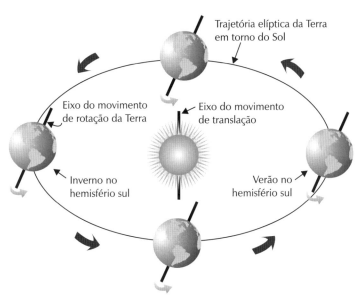

Figura 2.21 – Movimentos de translação e de rotação do planeta Terra.

Figura 2.22 – O eixo de rotação da Terra é inclinado com relação ao eixo da órbita elíptica em torno do Sol (movimento de translação).

A inclinação do eixo de rotação da Terra faz com que os hemisférios norte e sul do planeta fiquem mais próximos ou distantes do Sol em cada dia do ano, dependendo da posição da Terra em sua trajetória de translação, dando origem às estações do ano.

Nas proximidades da linha do equador a inclinação do eixo de rotação da Terra tem pouca influência sobre as estações do ano. Entretanto, conforme nos afastamos do equador e nos aproximamos dos polos norte e sul do planeta, no verão os dias tornam-se mais longos e no inverno tornam-se mais curtos.

A duração dos dias e as diferentes massas de ar percorridas pelos raios solares, que dependem da localização geográfica, são os principais fatores que afetam a quantidade de energia solar recebida em cada região do planeta.

A quantidade de energia recebida do Sol diariamente numa certa localidade é diferente em cada dia do ano e naturalmente é maior no verão e menor no inverno por causa da duração dos dias. Há ainda fatores atmosféricos que podem influenciar o trajeto dos raios solares até o solo, como já sabemos, e também contribuem para aumentar ou diminuir a energia solar disponível em cada dia do ano em uma determinada localidade.

2.8 Declinação solar

A declinação solar é o ângulo dos raios solares com relação ao plano do equador. Esse ângulo é consequência da inclinação do eixo de rotação da Terra, como mostram as figuras anteriores, e varia ao longo do ano de acordo com a posição do Sol.

Nos solstícios, que marcam o início do verão e do inverno, o ângulo de declinação solar é máximo. Nos equinócios, que marcam o início do outono e da primavera, o ângulo de declinação é zero, o que significa que os raios solares incidem paralelamente ao plano do equador.

As figuras a seguir ilustram o significado do ângulo de declinação solar. Na Figura 2.23 observam-se as posições da Terra ao longo do ano. O ângulo de declinação δ, que é o ângulo entre os raios solares e o plano do equador, varia ao longo do ano devido à inclinação do eixo de rotação terrestre.

A Figura 2.24 mostra o significado do ângulo de declinação, tendo a Terra como referência e mostrando a posição aparente do Sol no céu. Observa-se nessa figura que nos equinócios a declinação é nula e os raios incidem paralelamente ao plano do equador, enquanto nos solstícios a declinação é máxima.

Conceitos Básicos

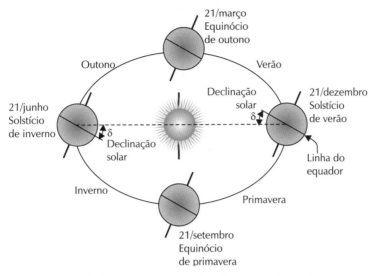

Figura 2.23 – O ângulo de declinação solar varia ao longo do ano de acordo com a posição da Terra em sua órbita em torno do Sol.

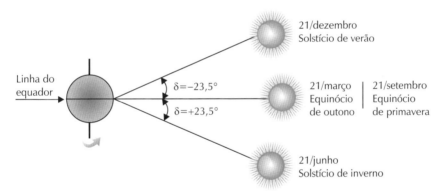

Figura 2.24 – O ângulo de declinação solar é máximo no início do inverno e do verão (solstícios) e nulo no início do outono e da primavera (equinócios).

2.9 Altura solar

Devido à existência do ângulo de declinação solar, o Sol nasce e se põe em diferentes pontos do céu e descreve uma trajetória com inclinação diferente em cada dia do ano, como ilustra a Figura 2.25.

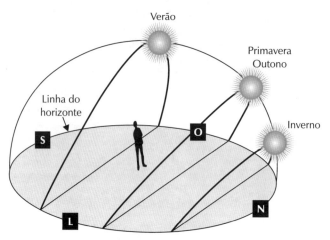

Figura 2.25 – A trajetória do movimento aparente do Sol é diferente ao longo do ano.

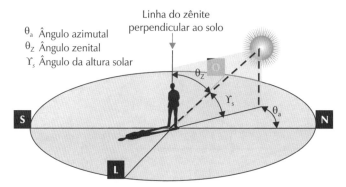

Figura 2.26 – A posição do Sol é definida pelos ângulos azimutal, zenital e da altura solar.

Um observador que olha em direção ao norte enxerga o Sol descrevendo uma trajetória circular no céu. A altura do Sol no céu é maior nos dias de verão, o que significa que nessa época os raios solares incidem sobre a cabeça do observador com um ângulo zenital menor, percorrendo uma massa de ar reduzida.

Nos dias de inverno a altura solar no céu é menor e o observador enxerga o Sol mais baixo, próximo da linha do horizonte. Nesse caso o ângulo zenital e a massa de ar percorrida pelos raios solares são maiores.

O ângulo de inclinação da trajetória do Sol com o plano horizontal recebe o nome de ângulo da altura solar, como ilustra a Figura 2.26. Na mesma figura são mostrados os ângulos azimutal e zenital, que foram apresentados anteriormente.

O valor do ângulo da altura solar Υ_S depende da localização geográfica do observador e do ângulo da declinação solar. Os observadores próximos da linha do equador enxergam alturas solares maiores, enquanto os observadores mais próximos dos polos terrestres enxergam alturas menores, mesmo durante o verão.

2.10 Ângulo de incidência dos raios solares

O modo como os raios solares incidem sobre a superfície terrestre depende da posição do Sol no céu. Como sabemos, a posição varia ao longo do dia e do ano, sendo determinada pelos ângulos azimutal e zenital e pela altura solar.

A Figura 2.27 mostra como incidem os raios solares em um módulo solar. O módulo é instalado com ângulo de inclinação α em relação ao solo e tem sua face voltada para o norte geográfico.

Os raios solares incidem sobre a superfície do módulo com o ângulo de inclinação β, definido em relação à reta perpendicular à superfície do módulo. Em cada dia do ano, conforme a altura solar Υ_S varia, o módulo recebe os raios solares com uma inclinação β diferente.

O melhor aproveitamento da energia solar ocorre quando os raios incidem perpendicularmente ao módulo, com ângulo $\beta = 0$. Isso significa que idealmente, para maximizar a captação da energia solar, a inclinação do módulo deve ser ajustada diariamente para adequar-se ao valor da altura solar Υ_S naquele dia.

α Ângulo de inclinação do painel
β Ângulo de incidência do raio solar
Υ_S Ângulo da altura solar

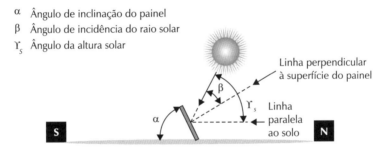

Figura 2.27 – Ângulo de inclinação do módulo e ângulo de incidência dos raios solares.

2.11 Escolha do ângulo de inclinação do módulo solar

A maior parte dos sistemas fotovoltaicos possui ângulo fixo de inclinação, então deve ser escolhido um ângulo por algum critério. A escolha incorreta da inclinação reduz a captação dos raios solares e compromete a produção de energia elétrica pelo módulo fotovoltaico.

A Figura 2.28 mostra o que acontece quando o módulo solar é instalado em diferentes ângulos de inclinação com relação ao solo.

No primeiro caso mostrado na figura existe um ângulo de inclinação α que faz os raios solares incidirem perpendicularmente à superfície do módulo. Esse é o ângulo que maximiza a captação da radiação solar direta.

No segundo caso mostrado o módulo tem um ângulo de inclinação α ligeiramente menor, que não é o ideal. Considerando o mesmo feixe de raios solares do caso anterior, percebe-se que uma parte dos raios não incide sobre o módulo, representando uma captação menor de energia.

Nos demais casos mostrados na Figura 2.28 os módulos são instalados nas posições horizontal e vertical. Na posição horizontal a captação de energia é prejudicada nos meses de inverno, quando a altura solar é menor, e maximizada nos meses de verão, quando a altura solar é maior. Por outro lado, na posição vertical a produção de energia é maior no inverno e menor no verão.

Naturalmente, com o módulo em ângulo de inclinação fixo não se consegue maximizar a captação dos raios solares em todos os dias ou meses do ano, mas é possível escolher um ângulo que possibilite uma boa produção média de energia ao longo do ano.

O Gráfico 2.3 mostra a energia captada por um módulo com três ângulos de inclinação diferentes. Dependendo da inclinação adotada, a energia produzida pode ser maximizada ao longo do ano, somente nos meses de verão ou somente nos meses de inverno.

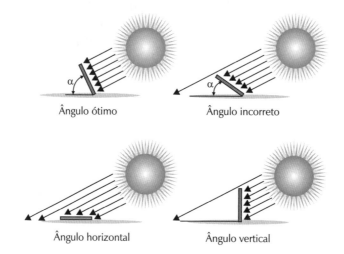

Figura 2.28 – Efeito da inclinação do módulo fotovoltaico na captação de energia.

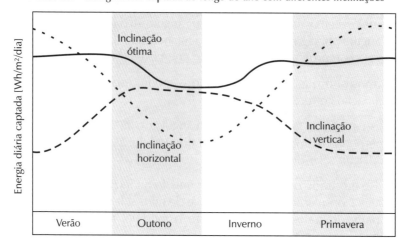

Gráfico 2.3 – Energia solar captada ao longo do ano com diferentes inclinações

Conceitos Básicos

Não existe um consenso geral sobre o melhor método de escolher o ângulo de inclinação para a instalação de um módulo solar. Como vimos, a inclinação horizontal privilegia a produção de energia no verão, enquanto a inclinação vertical privilegia no inverno.

É possível determinar para uma latitude geográfica um ângulo de inclinação que possibilite uma boa produção média de energia ao longo do ano. Uma regra simples para a escolha do ângulo de instalação, adotada por muitos fabricantes de módulos fotovoltaicos, é apresentada em seguida.

A Tabela 2.1 mostra o ângulo de inclinação (com relação ao plano horizontal) recomendado para diversas faixas de latitudes geográficas. Não se recomenda a instalação com ângulos de inclinação inferiores a 10° para evitar o acúmulo de poeira sobre as placas.

Para saber o ângulo de latitude de uma localidade, pode-se recorrer a um atlas com mapas do Brasil ou à ferramenta de mapas do Google (maps.google.com), conforme mostrado no Apêndice no final do livro.

Tabela 2.1 – Escolha do ângulo
de inclinação do módulo.

Latitude geográfica do local	Ângulo de inclinação recomendado
0° a 10°	$\alpha = 10°$
11° a 20°	$\alpha = $ latitude
21° a 30°	$\alpha = $ latitude $+ 5°$
31° a 40°	$\alpha = $ latitude $+ 10°$
41° ou mais	$\alpha = $ latitude $+ 15°$

Fonte: "Installation and Safety Manual of the Bosch Solar Modules"

Para auxiliar o leitor na instalação de módulos solares, a Tabela 2.2 apresenta as latitudes geográficas das capitais brasileiras.

Tabela 2.2 – Latitudes geográficas
das capitais brasileiras

Capital	UF	Latitude
Aracaju	SE	10° S
Belém	PA	01° S
Belo Horizonte	MG	19° S
Boa Vista	RR	02° N
Brasília	DF	15° S
Campo Grande	MS	20° S
Cuiabá	MT	15° S
Curitiba	PR	25° S
Florianópolis	SC	27° S
Fortaleza	CE	03° S
Goiânia	GO	16° S
João Pessoa	PB	07° S
Macapá	AP	00° N
Maceió	AL	09° S
Manaus	AM	03° S
Natal	RN	05° S
Palmas	TO	10° S
Porto Alegre	RS	30° S
Porto Velho	RO	08° S
Recife	PE	08° S
Rio Branco	AC	09° S
Rio de Janeiro	RJ	22° S
Salvador	BA	12° S
São Luís	MA	02° S
São Paulo	SP	23° S
Teresina	PI	05° S
Vitória	ES	20° S

2.12 Regras básicas para a instalação de módulos solares

Nas páginas anteriores conhecemos as variáveis que afetam a captação de energia dos módulos solares. Essas variáveis estão relacionadas com a inclinação do eixo de rotação da Terra, o ângulo da altura solar, o ângulo de inclinação dos módulos e o ângulo azimutal do Sol.

Em resumo, o leitor deve ter em mente duas regras básicas para fazer a instalação correta de um módulo solar.

Regra 1: Sempre que possível, orientar o módulo com sua face voltada para o norte geográfico, pois isso maximiza a produção média diária de energia.

Regra 2: Ajustar o ângulo de inclinação correto do módulo com relação ao solo para otimizar a produção de energia ao longo do ano. Para isso, deve-se escolher o ângulo de inclinação de acordo com a Tabela 2.1, em função do ângulo da latitude geográfica da localidade onde o sistema é instalado.

Seguindo a Regra 2, obtém-se o valor do ângulo de inclinação α do módulo solar. Na prática, para a instalação física, o instalador deve calcular a altura da haste de fixação (z) em função do ângulo calculado (α) e levando em conta o comprimento do módulo (L) ou a distância entre a borda do módulo no solo e a barra de sustentação (x), como ilustra a Figura 2.29.

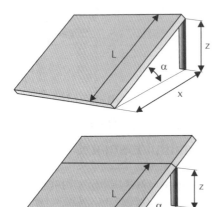

Figura 2.29 – A altura da haste de suporte do módulo determina o ângulo de inclinação.

A altura z da haste de fixação é calculada pela seguinte equação:

$$z = L \cdot sen\, \alpha$$

e a distância x é calculada como:

$$x = L \cdot cos\, \alpha$$

em que L é o comprimento do módulo solar ou a distância entre sua borda apoiada no chão e o ponto de fixação, conforme a Figura 2.29; x é a distância no chão entre a borda de apoio do módulo e a extremidade da haste de fixação e z é altura da haste.

Para uso prático o leitor pode recorrer à Tabela 2.3 para determinar a altura da haste, bastando encontrar na tabela o valor da razão $R_{XZ} = x/z$ que corresponde ao ângulo de inclinação α desejado. Com essa razão é possível determinar o valor de x a partir de um valor z conhecido, ou vice-versa. Basta multiplicar ou dividir a dimensão conhecida pelo valor da razão R_{XZ}.

Tabela 2.3 – Determinação da relação entre x e z a partir do ângulo de inclinação

α	$R_{XZ} = x/z$	α	$R_{XZ} = x/z$
10°	5,671282	26°	2,050304
11°	5,144554	27°	1,962611
12°	4,704630	28°	1,880726
13°	4,331476	29°	1,804048
14°	4,010781	30°	1,732051
15°	3,732051	31°	1,664279
16°	3,487414	32°	1,600335
17°	3,270853	33°	1,539865
18°	3,077684	34°	1,482561
19°	2,904211	35°	1,428148

Conceitos Básicos

α	$R_{XZ} = x/z$	α	$R_{XZ} = x/z$
20°	2,747477	36°	1,376382
21°	2,605089	37°	1,327045
22°	2,475087	38°	1,279942
23°	2,355852	39°	1,234897
24°	2,246037	40°	1,191754
25°	2,144507	41°	1,150368

Do mesmo modo, para encontrar o valor de x a partir de um comprimento L conhecido, pode-se recorrer à Tabela 2.4, que mostra a relação $R_{XL} = x/L$ para diferentes valores do ângulo de inclinação.

Tabela 2.4 – Determinação da relação entre L e x a partir do ângulo de inclinação

α	$R_{XL} = x/L$	α	$R_{XL} = x/L$
10°	0,984808	26°	0,898794
11°	0,981627	27°	0,891007
12°	0,978148	28°	0,882948
13°	0,974370	29°	0,874620
14°	0,970296	30°	0,866025
15°	0,965926	31°	0,857167
16°	0,961262	32°	0,848048
17°	0,956305	33°	0,838671
18°	0,951057	34°	0,829038
19°	0,945519	35°	0,819152
20°	0,939693	36°	0,809017
21°	0,933580	37°	0,798636
22°	0,927184	38°	0,788011
23°	0,920505	39°	0,777146
24°	0,913545	40°	0,766044
25°	0,906308	41°	0,754710

Exemplo 2.1

Determine a altura da haste de fixação de um módulo solar que possui as dimensões mostradas na figura seguinte. O módulo será fixado por um suporte apoiado no ponto médio do seu comprimento, situação também ilustrada na figura. Esse sistema fotovoltaico será empregado na cidade de São Paulo.

Dimensões do painel:

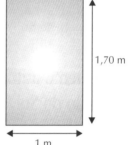

Modo de instalação:

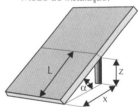

Exemplo 2.1 – Dimensões e modo de instalação do módulo.

Solução

Consultando a Tabela 2.2, encontramos a latitude geográfica da cidade de São Paulo, que é aproximadamente 23°. Em seguida, consultando a Tabela 2.1, encontramos o ângulo de inclinação α = 23° + 5° = 28°.

No modo de instalação desejado, conforme a figura anterior, temos L = 1,70 / 2 = 0,85 m. Consultando a Tabela 2.4, encontramos a razão $R_{XL} = x/L$ para o ângulo de

28°, que vale aproximadamente 0,88, e a partir daí obtemos o valor de x:

$$x = L \cdot R_{XL} = 0,85 \cdot 0,88 = 0,75 \text{ m}$$

Consultando a Tabela 2.3, para o ângulo de 28° temos $R_{XZ} = x/z = 1,880726$. Finalmente, calculamos a altura da haste:

$$z = x/R_{XZ} = 0,40 \text{ m}$$

Portanto, para esse módulo será necessário um suporte de fixação com haste de 40 cm instalada a 75 cm da borda de contato do módulo com a superfície horizontal.

2.13 Rastreamento automático da posição do Sol

Módulos solares com rastreamento automático da posição do Sol otimizam o ângulo de incidência dos raios solares automaticamente ao longo do dia e ao longo dos meses do ano. O sistema pode ter um ou dois graus de liberdade, como ilustra a Figura 2.30.

Figura 2.30 – Módulo solar com dois graus de liberdade de rastreamento.

O sistema com apenas um grau de liberdade permite ajustar somente um dos ângulos de instalação do módulo: o ângulo azimutal (orientação com relação ao norte geográfico, em localidades no hemisfério sul) ou o ângulo de inclinação do módulo com o solo.

Com um grau de liberdade adicional é possível alterar os dois ângulos simultaneamente, fazendo com que o módulo esteja sempre recebendo os raios solares com o melhor ângulo de incidência possível. Nesse caso o movimento no eixo vertical permite ao módulo rastrear o movimento do Sol ao longo do dia e o movimento no eixo horizontal permite ajustar o ângulo e a inclinação do módulo para adaptar-se à altura solar.

Os sistemas com rastreamento aumentam a captação de energia dos módulos. Entretanto, apesar de serem mais eficientes do ponto de vista de geração de energia, esse tipo de sistema tem custo mais elevado e requer a manutenção das partes mecânicas móveis e dos sistemas eletrônicos de controle.

Existem vários exemplos de instalações fotovoltaicas com rastreadores, como os mostrados nas Figuras 2.31, 2.32 e 2.33, entretanto as instalações fixas, como a da Figura 2.34, são as mais empregadas em todo o mundo.

Figura 2.31 – Usina solar fotovoltaica empregando rastreamento automático com um grau de liberdade.

Conceitos Básicos

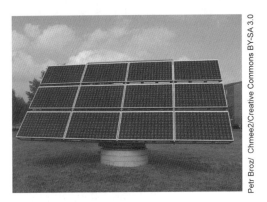

Figura 2.32 – Módulos solares com dois graus de liberdade de rastreamento.

Figura 2.34 – Instalação fotovoltaica com módulos fixos.

2.14 Espaçamento de módulos em usinas solares

Instalações fotovoltaicas grandes, como as usadas em usinas solares fotovoltaicas, costumam ser construídas com fileiras de módulos colocadas umas atrás das outras, como exemplificam as Figuras 2.34 e 2.35.

Nesse tipo de instalação deve-se calcular corretamente a distância entre uma fileira e outra para que os módulos não façam sombras uns aos outros. Como veremos em outro capítulo, a presença de sombras em módulos solares é extremamente prejudicial ao desempenho dos sistemas fotovoltaicos.

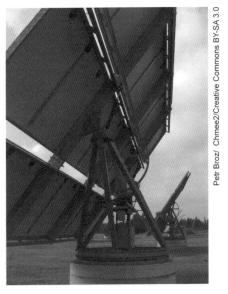

Figura 2.33 – Mecanismo de rastreamento com dois graus de liberdade.

Figura 2.35 – Fileiras de módulos em instalações fotovoltaicas.

O distanciamento entre os módulos deve levar em conta a maximização da produção de energia e também o fator de utilização da área do terreno onde a usina solar é construída. O fator de utilização, que é a razão entre a área do módulo e a área na superfície plana necessária para sua instalação, é dado por:

$$f = L / D$$

em que f é o fator de utilização de área, L é a largura do módulo solar e D é a largura da área de instalação, ou a distância entre as bordas de duas fileiras vizinhas de módulos, como ilustram as Figuras 2.35 e 2.36.

Figura 2.36 – Área do módulo e área necessária para sua instalação.

Tipicamente as usinas de energia solar são construídas com um fator de utilização de área entre 35% e 45%. Para tanto, são empregadas duas estratégias para a determinação da distância de instalação entre as fileiras de módulos.

A primeira estratégia tem o objetivo de reduzir as perdas ocasionadas pela presença de sombras, maximizando a eficiência do sistema fotovoltaico. Dentro dessa estratégia, sendo z a altura da haste de fixação, pode-se empregar a seguinte regra prática para o espaçamento entre fileiras:

$$d = 3{,}5 \cdot z$$

A segunda estratégia é maximizar o fator de aproveitamento da área, com a consequente redução da eficiência devido à presença de sombras sobre os módulos. Essa estratégia é usada em sistemas fotovoltaicos que sofrem com restrições de espaço para a instalação. Nessa estratégia emprega-se a regra prática a seguir:

$$D = 2{,}25 \cdot L$$

Exercícios

1. Explique ângulo azimutal, ângulo da altura solar e ângulo zenital.

2. Explique declinação solar e como ela afeta a incidência dos raios solares na superfície terrestre.

3. Explique por que a energia captada pelos módulos solares depende do ângulo azimutal e do ângulo de inclinação com o plano horizontal.

4. Quais devem ser os ângulos de inclinação de um módulo solar para privilegiar a produção de energia no inverno e no verão?

5. Por que existe um ângulo de inclinação ótimo para a instalação do módulo solar?

6. Calcule os ângulos de inclinação de módulos solares instalados em todas as capitais brasileiras.

Células e Módulos Fotovoltaicos

3.1 Células fotovoltaicas

O efeito fotovoltaico é o fenômeno físico que permite a conversão direta da luz em eletricidade. Esse fenômeno ocorre quando a luz, ou a radiação eletromagnética do Sol, incide sobre uma célula composta de materiais semicondutores com propriedades específicas.

A Figura 3.1 a seguir ilustra a estrutura de uma célula fotovoltaica composta por duas camadas de material semicondutor P e N, uma grade de coletores metálicos superior e uma base metálica inferior.

A grade e a base metálica inferior são os terminais elétricos que fazem a coleta da corrente elétrica produzida pela ação da luz. A base inferior é uma película de alumínio ou de prata. A parte superior da célula, que recebe a luz, precisa ser translúcida, portanto os contatos elétricos são construídos na forma de uma fina grade metálica impressa na célula.

Uma célula comercial ainda possui uma camada de material antirreflexivo, normalmente feita de nitreto de silício ou de dióxido de titânio, necessária para evitar a reflexão e aumentar a absorção de luz pela célula.

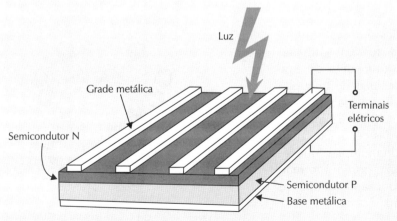

Figura 3.1 – Estrutura de uma célula fotovoltaica.

A Figura 3.2 mostra uma célula fotovoltaica comercial, em que se observam na parte superior as grades metálicas formadas por um conjunto de finos condutores e três condutores principais ligados a eles.

Figura 3.2 – Células fotovoltaicas de silício.

As camadas semicondutoras da célula podem ser fabricadas com vários materiais diferentes, sendo o mais comum o silício. Cerca de 95% de todas as células fotovoltaicas fabricadas no mundo são de silício, pois é um material muito abundante e barato.

Um semicondutor é um material que não pode ser classificado como condutor elétrico nem como isolante. As propriedades de um semicondutor podem ser modificadas pela adição de materiais dopantes ou impurezas.

Uma célula fotovoltaica é composta tipicamente pela junção de duas camadas de material semicondutor, uma do tipo P e outra N. Existem células de múltiplas junções, que possuem um maior número de camadas, entretanto seu funcionamento é idêntico ao das células de duas camadas. As células de múltiplas junções produzem mais energia, porém são mais caras e não são tão utilizadas quanto as de apenas duas camadas.

O material N possui um excedente de elétrons e o material P apresenta falta de elétrons. Devido à diferença de concentração de elétrons nas duas camadas de materiais, os elétrons da camada N fluem para a camada P e criam um campo elétrico dentro de uma zona de depleção, também chamada de barreira de potencial, no interior da estrutura da célula.

A Figura 3.3 ilustra as estruturas moleculares dos materiais P e N. O material P possui menos elétrons do que teria um material semicondutor puro, o que se percebe pela presença de lacunas, portanto é um material positivo. O material N possui elétrons em excesso, como se observa na figura pela presença de um elétron adicional em torno de alguns átomos da estrutura. Devido ao excesso de elétrons, o material é negativo, pois o elétron é uma partícula de carga negativa.

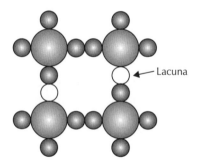

Semicondutor P

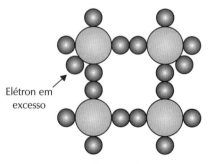

Semicondutor N

Figura 3.3 – Estruturas moleculares dos semicondutores P e N.

Quando duas camadas de materiais P e N são colocadas em contato, formando o que se chama junção semicondutora, os elétrons da camada N migram para a camada P e ocupam os espaços vazios das lacunas, como ilustra a Figura 3.4.

A Figura 3.4 mostra o que acontece quando as duas camadas P e N são unidas. A mudança dos elétrons e lacunas de uma camada para outra origina um campo elétrico e cria uma barreira de potencial entre as duas camadas. Os elétrons e lacunas permanecem presos atrás dessa barreira quando a célula fotovoltaica não está iluminada.

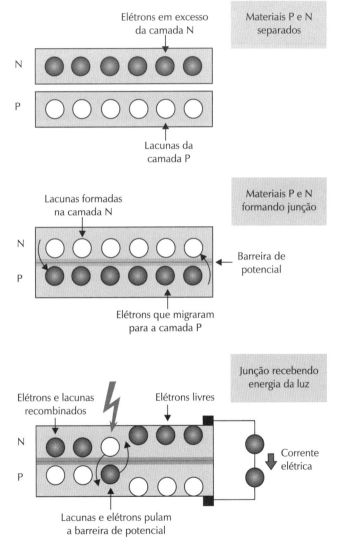

Figura 3.4 – Materiais semicondutores em três situações diferentes: separados, unidos para formar uma junção e por último com a junção exposta à luz para produzir corrente elétrica.

A camada superior de material N de uma célula fotovoltaica é tão fina que a luz pode penetrar nesse material e descarregar sua energia sobre os elétrons, fazendo com que eles tenham energia suficiente para vencer a barreira de potencial e movimentar-se da camada N para a camada P.

Os elétrons em movimento são coletados pelos eletrodos metálicos. Se houver um circuito fechado os elétrons vão circular em direção aos eletrodos da camada N, formando uma corrente elétrica.

Uma parte dos elétrons acaba sendo aprisionada pelas lacunas que existem na camada N, porém uma grande parte deles fica livre para formar a corrente elétrica quando um condutor elétrico forma um circuito fechado entre as duas camadas, como ilustrado na Figura 3.4.

Se não houver um caminho elétrico entre as duas camadas os elétrons livres não podem formar uma corrente elétrica. Entretanto, mesmo na ausência de corrente elétrica, percebe-se uma tensão elétrica de aproximadamente 0,6 V entre os dois lados da célula, causada pelo campo elétrico da barreira de potencial.

A corrente elétrica produzida pela célula fotovoltaica, quando exposta à luz, pode ser usada numa infinidade de aplicações, alimentando aparelhos elétricos, carregando baterias ou fornecendo eletricidade para ruas, bairros e cidades nos sistemas conectados à rede elétrica.

Uma célula fotovoltaica sozinha produz pouca energia e apresenta uma tensão elétrica muito baixa, mas várias células podem ser ligadas em série para fornecer uma grande quantidade de energia elétrica e uma tensão mais elevada.

Atualmente as células fotovoltaicas produzidas em larga escala e disponíveis comercialmente são constituídas de silício monocristalino, policristalino ou amorfo. Existem diversos outros tipos de tecnologias e materiais e recentemente têm surgido pesquisas sobre as chamadas células fotovoltaicas orgânicas, que utilizam polímeros e outros tipos de materiais combinados no lugar dos semicondutores, mas essa tecnologia ainda não alcançou eficiência de conversão muito elevada nem a confiabilidade necessária para a produção comercial.

3.2 Um pouco de história

As primeiras experiências com dispositivos fotovoltaicos remontam ao ano de 1839, com a descoberta por Becquerel, um físico e cientista francês, de uma tensão elétrica resultante da ação da luz sobre um eletrodo metálico imerso em uma solução química.

Em 1877, Adams e Day, cientistas ingleses, observaram um efeito similar no selênio sólido, outro tipo de semicondutor. Posteriormente diversas experiências similares foram desenvolvidas por cientistas em todo o mundo, até que em 1905 o efeito fotoelétrico, que possui estreita relação com o efeito fotovoltaico, foi explicado por Albert Einstein, cientista nascido na Alemanha, em pesquisa que lhe renderia posteriormente o prêmio Nobel.

Em 1918, o cientista polonês Czochralski desenvolveu um método para fabricar cristais de silício, que são hoje a base da indústria de semicondutores para componentes eletrônicos e células fotovoltaicas.

A continuidade das investigações por outros cientistas levou ao desenvolvimento de células fotovoltaicas que tinham inicialmente eficiências muito pequenas.

Tendo permanecido como curiosidade científica durante mais de um século, os dispositivos fotovoltaicos tiveram grande desenvolvimento nas décadas de 1970 a 1990. Inicialmente usado em aplicações na indústria aeroespacial, o efeito fotovoltaico posteriormente ganhou força em aplicações terrestres para a geração de energia elétrica.

Recentemente o interesse por fontes alternativas e limpas de energia tem motivado e impulsionado a pesquisa e o desenvolvimento de células fotovoltaicas mais eficientes e baratas.

O silício é o material semicondutor mais usado na fabricação de células e foi o primeiro comercialmente utilizado. Embora existam diversos tipos de materiais, as células solares de silício são atualmente a tecnologia com maior penetração no mercado devido ao fato de sua tecnologia de fabricação já estar bem desenvolvida e sua matéria-prima ser barata e abundante.

Por ser um material não tóxico e disponível em abundância em nosso planeta, tem enorme vantagem sobre outros materiais semicondutores. Além disso, embora outros materiais possam fornecer eficiências maiores, o processo de fabricação de células de silício é mais simples e barato do que o de outros materiais.

3.3 Tipos de células fotovoltaicas

Existem atualmente diversas tecnologias para a fabricação de células e módulos fotovoltaicos. As tecnologias de células fotovoltaicas mais comuns encontradas no mercado são a do silício monocristalino, a do silício policristalino e a do filme fino de silício. A seguir serão apresentadas algumas características dessas diferentes tecnologias.

O silício empregado na fabricação de células fotovoltaicas é extraído do mineral quartzo. O Brasil é um dos principais produtores mundiais desse minério, mas a purificação do silício não é feita em nosso País, assim como a fabricação de células.

A Figura 3.5 mostra um cristal de quartzo bruto e um bloco de silício ultrapuro, que podem ser empregados na fabricação de células fotovoltaicas e na indústria de componentes eletrônicos semicondutores.

Figura 3.5 – Cristal de quartzo (à esquerda) e bloco de silício ultrapuro (à direita).

3.3.1 Silício monocristalino

Blocos de silício ultrapuro, como o mostrado na figura anterior, são aquecidos em altas temperaturas e submetidos a um processo de formação de cristal chamado método de Czochralski. O produto resultante desse processo é o lingote de silício monocristalino mostrado na Figura 3.6.

Figura 3.6 – Lingote de silício monocristalino.

O lingote de silício monocristalino é constituído de uma estrutura cristalina única e possui organização molecular homogênea, o que lhe confere aspecto brilhante e uniforme.

O lingote é serrado e fatiado para produzir *wafers*, que são finas bolachas de silício puro, como a mostrada na Figura 3.7. Os *wafers* não possuem as propriedades de uma célula fotovoltaica.

Figura 3.7 – *Wafer* de silício monocristalino.

Os *wafers* são submetidos a processos químicos nos quais recebem impurezas em ambas as faces, formando as camadas de silício P e N que constituem a base para o funcionamento da célula fotovoltaica.

Por último, a célula semiacabada recebe uma película metálica em uma das faces, uma grade metálica na outra face e uma camada de material antirreflexivo na face que vai receber a luz. O produto final é a célula fotovoltaica monocristalina mostrada na Figura 3.8.

Figura 3.8 – Célula fotovoltaica de silício monocristalino.

O aspecto de uma célula monocristalina é uniforme, normalmente azulado escuro ou preto, podendo assumir alguma coloração diferente dependendo do tipo de tratamento antirreflexivo que recebe.

As células de silício monocristalino são as mais eficientes produzidas em larga escala e disponíveis comercialmente. Alcançam eficiências de 15% a 18%, mas têm um custo de produção mais elevado do que outros tipos de células. São células rígidas e quebradiças, que precisam ser montadas em módulos para adquirir resistência mecânica para o uso prático.

3.3.2 Silício policristalino

O silício policristalino é fabricado por um processo mais barato do que aquele empregado na fabricação do monocristalino. O lingote de silício policristalino é formado por um aglomerado de pequenos cristais, com tamanhos e orientações diferentes, cujo aspecto é exibido na Figura 3.9.

Células e Módulos Fotovoltaicos

Figura 3.9 – Lingote de silício policristalino.

O lingote policristalino também é serrado para produzir *wafers*, que posteriormente se transformam em células fotovoltaicas. As células policristalinas possuem aparência heterogênea e normalmente são encontradas na cor azul, mas sua cor pode diferir em função do tratamento antirreflexivo empregado.

A Figura 3.10 mostra células fotovoltaicas policristalinas. Observa-se a presença de manchas em sua coloração devido ao tipo de silício empregado em sua fabricação.

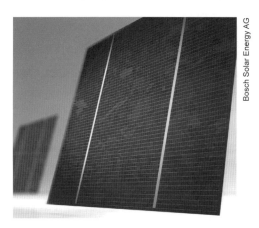

Figura 3.10 – Células fotovoltaicas de silício policristalino.

As células de silício policristalino têm eficiências comerciais entre 13% e 15%, ligeiramente inferiores às das células monocristalinas, entretanto seu custo de fabricação é menor do que o das células monocristalinas e isso compensa a redução de eficiência.

São células rígidas e quebradiças, que precisam ser montadas em módulos para adquirir resistência mecânica.

3.3.3 Filmes finos

Os filmes finos são uma tecnologia mais recente, que surgiu após as tecnologias cristalinas já estarem bem desenvolvidas. Diferentemente das células cristalinas, que são produzidas a partir de fatias de lingotes de silício, os dispositivos de filmes finos são fabricados através da deposição de finas camadas de materiais (silício e outros) sobre uma base que pode ser rígida ou flexível.

O processo de deposição, que pode ocorrer por vaporização ou através de outros métodos, permite que pequenas quantidades de matéria-prima sejam empregadas para fabricar os módulos, além de evitar os desperdícios que ocorrem na serragem dos *wafers* cristalinos, o que torna menor o custo dessa tecnologia.

As temperaturas de fabricação dos filmes finos estão entre 200 °C e 500 °C, em oposição às temperaturas de até 1500 °C necessárias na fabricação de células cristalinas. Portanto, além de consumir menos matéria-prima, os filmes finos consomem menos energia em sua fabricação, tornando muito baixo o custo da tecnologia. Além disso, a reduzida complexidade de fabricação torna mais simples os processos automatizados, favorecendo a produção em larga escala.

Os dispositivos de filmes finos são produzidos em qualquer dimensão e a única restrição é a área da base para a fabricação do módulo. Por essa razão a distinção entre célula e módulo não existe no caso da tecnologia de filmes finos. Módulos de filmes finos, como os mostrados na Figura 3.11, são formados por uma grande e única célula fabricada na dimensão do módulo.

Apesar de terem custo relativamente baixo, os dispositivos de filmes finos têm baixa eficiência e necessitam de maior área de módulos para produzir a mesma energia que produzem as tecnologias cristalinas.

Uma vantagem frequentemente apontada para os filmes finos é o melhor aproveitamento da luz solar para baixos níveis de radiação e para radiações do tipo difusa. Além disso, o coeficiente de temperatura é mais favorável, isto é, a diminuição da produção de energia com o aumento da temperatura é menor do que a verificada com outras tecnologias, portanto os módulos de filmes finos são mais adequados para locais com temperaturas elevadas.

Os módulos de filmes finos sofrem degradação de maneira mais acelerada do que os cristalinos. Em algumas instalações fotovoltaicas tem-se observado a degradação muito acentuada quando os módulos não são corretamente aterrados, o que pode ser um aspecto muito inconveniente para essa tecnologia.

Outra vantagem dos módulos de filmes finos é o fato de serem formadas células mais longas, menos sensíveis aos efeitos do sombreamento parcial (quando uma parte da célula tem a luz obstruída por um obstáculo qualquer). A sombra produzida atinge apenas uma pequena parte da célula, resultando em uma perda menor de produção de energia. Por outro lado, um módulo cristalino que tem a luz obstruída por uma folha de árvore ou a sombra de um objeto próximo apresenta deterioração da produção de energia mesmo se uma única célula for prejudicada.

O nome filme fino é usado para designar diferentes tecnologias que existem atualmente, como o silício amorfo (aSi), o silício microcristalino (μSi), a tecnologia de telureto de cádmio (CdTe) e a tecnologia CIGS (cobre-índio-gálio-selênio). As duas últimas são as mais eficientes e ainda em desenvolvimento, com uma presença pequena no mercado.

Silício amorfo

A eficiência dos módulos de filmes finos de silício amorfo é muito baixa quando comparada com a dos dispositivos cristalinos. A maior desvantagem das células amorfas consiste na sua baixa eficiência (entre 5% e 8%). Sua eficiência diminui durante os primeiros 6 a 12 meses de funcionamento, devido à degradação induzida pela luz, até chegar a um valor estável. Essa foi a primeira tecnologia de filme fino desenvolvida.

Silício microcristalino

Uma alternativa promissora para o futuro são as células fotovoltaicas de filme fino de silício cristalino. Apresentam simultaneamente as vantagens do silício cristalino e da tecnologia de fabricação de filmes finos (produção em massa, elevada automatização, desperdício de material reduzido e menos energia utilizada na produção). As células microcristalinas são fabricadas em dois processos, um em alta temperatura e outro em baixa temperatura.

O processo em alta temperatura consiste na deposição de filmes de silício de elevada qualidade sobre um substrato barato a temperaturas situadas entre 900 °C e 1000 °C, criando estruturas microcristalinas semelhantes à do silício policristalino. A célula resultante desse primeiro processo é classificada como cristalina.

O segundo processo, que ocorre em baixas temperaturas, é uma tecnologia de deposição de filme fino entre 200 °C e 500 °C. Nesse processo são produzidas películas de silício com estruturas microcristalinas de grãos muito finos. As baixas temperaturas permitem a utilização de materiais baratos sobre os quais a célula é fabricada (vidro, metal ou plástico). Os processos de deposição são similares aos da tecnologia de silício amorfo. As células microcristalinas têm obtido eficiências estáveis de até 8,5%.

Células híbridas

A célula fotovoltaica híbrida resulta da combinação da célula cristalina convencional com uma célula de filme fino, acrescida posteriormente de uma fina camada de silício sem impurezas, chamada camada intrínseca.

Essa tecnologia não apresenta degradação da eficiência devido ao envelhecimento pela exposição à luz, como ocorre nos filmes finos de silício amorfo. Comparada com as células solares cristalinas, a célula híbrida distingue-se pela maior produção de energia em elevadas temperaturas. Além disso, a célula híbrida consome pouca energia e pouca matéria-prima em sua fabricação, o que torna seu custo atraente.

CdTe e CIGS

As células de telureto de cádmio (CdTe) e CIGS (cobre-índio-galio-selênio) são as mais eficientes dentro da família dos filmes finos, porém não alcançaram ainda a produção em larga escala como as outras.

As células CdTe enfrentam problemas para sua produção em larga escala, pois o cádmio (Cd) é um material tóxico e o telúrio (Te) é um material raro, que não é encontrado em abundância.

As células CIGS não empregam materiais tóxicos e são mais eficientes do que as células de silício, porém seu custo é muito elevado e sua aceitação comercial ainda é pequena.

Figura 3.11 – Módulos fotovoltaicos de filme fino de silício.

3.3.4 Comparação entre as diferentes tecnologias

As diferentes tecnologias e os diversos materiais empregados na fabricação de células fotovoltaicas levam à obtenção de células e módulos com eficiências maiores ou menores.

Algumas tecnologias têm custo mais reduzido, porém os módulos e as células apresentam menor eficiência na conversão da energia solar em eletricidade, consequentemente exigindo mais área instalada para a produção de energia.

A Tabela 3.1 faz uma comparação entre algumas das tecnologias fotovoltaicas existentes, mostrando que as células e os módulos de silício mono e policristalino, com a exceção das células híbridas, são os que apresentam as maiores eficiências de conversão, tanto nas experiências em laboratório como nos produtos comercialmente disponíveis.

Tabela 3.1 – Comparação da eficiência das diversas tecnologias de células fotovoltaicas

Material da célula fotovoltaica	Eficiência da célula em laboratório	Eficiência da célula comercial	Eficiência dos módulos comerciais
Silício monocristalino	24,7%	18%	14%
Silício policristalino	19,8%	15%	13%
Silício cristalino de filme fino	19,2%	9,5%	7,9%
Silício amorfo	13%	10,5%	7,5%
Silício micromorfo	12%	10,7%	9,1%
Célula solar híbrida	20,1%	17,3%	15,2%
CIS, CIGS	18,8%	14%	10%
Telureto de cádmio	16,4%	10%	9%

Dados: Fraunhofer ISE, Universidade de Stuttgart, 26th IEEE PVSC, NREL, UNSW, folhas de dados de vários fabricantes. Adaptada de "Energia fotovoltaica - Manual sobre tecnologias, projecto e instalação", Portugal, 2004.

3.4 Módulo, placa ou painel fotovoltaico

A célula fotovoltaica é o dispositivo fotovoltaico básico. Uma célula sozinha produz pouca eletricidade, então várias células são agrupadas para produzir painéis, placas ou módulos fotovoltaicos.

Os termos **módulo**, **placa** ou **painel** têm o mesmo significado e são usados indistintamente na literatura para descrever um conjunto empacotado de células fotovoltaicas disponível comercialmente.

Um módulo fotovoltaico é constituído de um conjunto de células montadas sobre uma estrutura rígida e conectadas eletricamente. Normalmente as células são conectadas em série para produzir tensões maiores.

A Figura 3.12 ilustra o modo de conectar células em série. Os terminais superiores de uma célula são ligados ao terminal inferior da outra e assim sucessivamente, até formar um conjunto com a tensão de saída desejada.

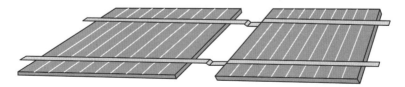

Figura 3.12 – Conexões elétricas em série das células fotovoltaicas de um módulo.

Os módulos fotovoltaicos de silício cristalino normalmente encontrados no mercado produzem entre 50 W e 300 W de potência, apresentam tensões máximas de até aproximadamente 40 V e podem fornecer em torno de 8 A de corrente elétrica. A Figura 3.13 ilustra módulos fotovoltaicos de silício monocristalino.

Figura 3.13 – Módulos fotovoltaicos de silício monocristalino.

Os módulos de filmes finos são formados por uma célula única com as dimensões do próprio módulo, em geral encontrados em potências em torno de 50 W a 110 W. Esses módulos apresentam tensões de saída maiores, de até 70 V aproximadamente, e são mais difíceis de empregar, pois suas correntes de saída são pequenas e exigem um grande número de conjuntos em paralelo para alcançar a produção de energia desejada.

A Figura 3.14 ilustra um módulo fotovoltaico de filme fino comparado com um de silício cristalino. O de filme fino tem um aspecto uniforme, pois é formado por finas e longas células, separadas por minúsculas ranhuras, que a longa distância têm o aspecto de uma superfície lisa, enquanto o cristalino é formado por um conjunto de células visivelmente discretas.

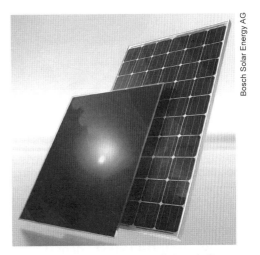

Figura 3.14 – Módulos fotovoltaicos de filme fino (frente) e de silício cristalino (fundo).

A Figura 3.15 mostra como é fabricado um módulo solar fotovoltaico típico. As células e suas conexões elétricas são prensadas dentro de lâminas plásticas. O módulo é recoberto por uma lâmina de vidro e por último recebe uma moldura de alumínio.

Na parte traseira o módulo recebe uma caixa de conexões elétricas, à qual são conectados os cabos elétricos que normalmente são fornecidos junto com o módulo. Os cabos possuem conectores padronizados, que permitem a rápida conexão de módulos em série.

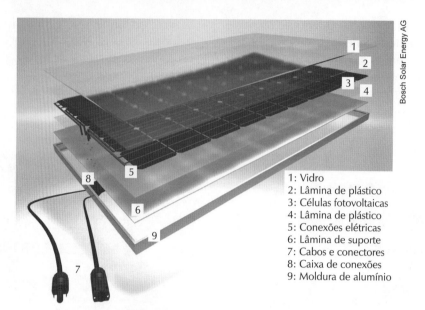

Figura 3.15 – Componentes de um módulo fotovoltaico.

3.5 Funcionamento e características dos módulos fotovoltaicos comerciais

A seguir vamos entender o funcionamento dos módulos fotovoltaicos e compreender as informações disponibilizadas pelos fabricantes nas folhas de dados e catálogos.

Os painéis ou módulos fotovoltaicos são formados por um agrupamento de células conectadas eletricamente. Uma célula fotovoltaica consegue fornecer uma tensão elétrica de até aproximadamente 0,6 V. Para produzir módulos com tensões de saída maiores, os fabricantes conectam várias células em série. Tipicamente, um módulo tem 36, 54, 60 ou mais células, dependendo de sua classe de potência. O modo de conexão das células em série foi mostrado na Figura 3.12.

A corrente elétrica produzida por uma célula depende da sua área, pois a corrente elétrica depende diretamente da quantidade de luz recebida pela célula. Quanto maior a área, maior a captação de luz e maior a corrente fornecida. Geralmente os módulos cristalinos comerciais fornecem em torno de 8 A de corrente elétrica e os módulos de filmes finos normalmente apresentam correntes menores, em torno de 2 A.

3.5.1 Curvas características de corrente, tensão e potência

Um módulo fotovoltaico não se comporta como uma fonte elétrica convencional. O módulo fotovoltaico não apresenta uma tensão de saída constante nos seus terminais, como a de uma bateria elétrica. A tensão elétrica depende da sua corrente e vice-versa.

O ponto de operação do módulo fotovoltaico, ou seja, o valor da tensão e da corrente nos seus terminais, depende do que está conectado aos seus terminais. Se conectarmos um aparelho que demanda muita corrente, a tensão de saída do módulo tenderá a cair. Por outro lado, se conectarmos uma carga que demanda pouca corrente, a tensão do módulo será mais elevada, tendendo à tensão de circuito aberto (a tensão máxima do módulo).

A relação entre a tensão e a corrente de saída de um módulo fotovoltaico é mostrada na curva $I - V$ do Gráfico 3.1. Todos os módulos fotovoltaicos possuem uma característica semelhante. Para cada curva $I - V$ existe uma curva $P - V$ correspondente, como a do Gráfico 3.2, que mostra como a potência do módulo varia em função de sua tensão.

Observando o Gráfico 3.1, nota-se a presença de três pontos de destaque na curva $I - V$: ponto de corrente de curto-circuito, ponto de máxima potência e ponto de tensão de circuito aberto.

Gráfico 3.1 – Curva característica $I - V$ de corrente e tensão de um módulo fotovoltaico

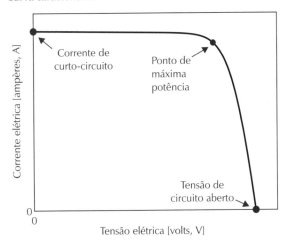

Gráfico 3.2 – Curva característica $P - V$ de potência e tensão de um módulo fotovoltaico

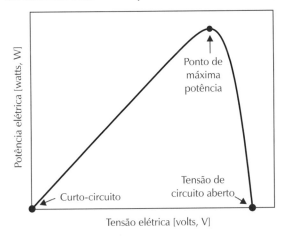

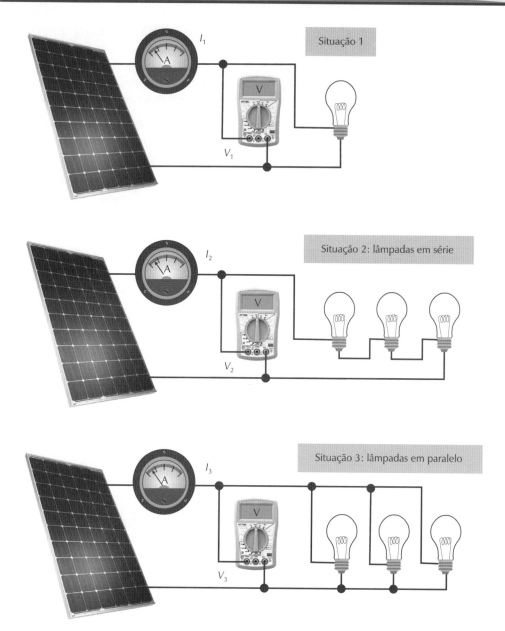

Figura 3.16 – Módulo solar alimentando lâmpadas em três situações diferentes.

A corrente de curto-circuito é aquela que surge quando colocamos em curto-circuito os terminais do módulo iluminado. Nessa situação não existe tensão elétrica e a corrente do módulo alcança o seu valor máximo, dependendo da intensidade da luz incidente.

A tensão de circuito aberto é aquela que medimos na saída do módulo quando seus terminais estão abertos, ou seja, quando não existe nada ligado a ele. Essa é a máxima tensão que o módulo pode fornecer.

Existe um único ponto nas curvas $I - V$ e $P - V$ que corresponde à situação na qual o módulo fornece a potência máxima. Idealmente deve-se operar o módulo nesse ponto, pois nessa situação sua produção de energia é maior.

Para entender como a tensão e a corrente do módulo fotovoltaico variam de acordo com a condição de operação, observe as três situações mostradas na Figura 3.16.

Na primeira situação mostrada na figura existe uma única lâmpada alimentada pelo módulo. Na segunda situação há três lâmpadas em série, o que significa que a resistência do circuito será maior e as lâmpadas vão exigir menos corrente elétrica. Na terceira situação há três lâmpadas ligadas em paralelo, o que significa que a resistência do circuito será menor e o módulo vai fornecer mais corrente para alimentar essas três lâmpadas.

Em cada uma das três situações o módulo fornece valores diferentes de tensão, corrente e potência. Os Gráficos 3.3 e 3.4 mostram os diferentes pontos de operação ao longo das curvas $I - V$ e $P - V$ de acordo com a configuração das lâmpadas ligadas ao módulo. O módulo somente pode fornecer valores de tensão, corrente e potência que estejam de acordo com as curvas. Nenhum valor fora dessas curvas é possível. Essa é uma característica bastante peculiar dos módulos fotovoltaicos.

3.6 Influência da radiação solar

A corrente elétrica que o módulo fotovoltaico pode fornecer depende diretamente da intensidade da radiação solar que incide sobre suas células. Com uma irradiância solar de 1000 W/m² o módulo é capaz de fornecer a corrente máxima especificada em seu catálogo (na temperatura de 25 °C).

A corrente máxima que o módulo pode fornecer varia proporcionalmente à irradiância. Com pouca luz a corrente fornecida pelo módulo é muito pequena e sua capacidade de gerar energia é severamente reduzida.

O Gráfico 3.5 mostra como a intensidade da luz solar afeta a curva $I - V$ do módulo fotovoltaico.

Gráfico 3.3 – Pontos de operação do módulo fotovoltaico ao longo da curva $I - V$ para as três situações de operação mostradas

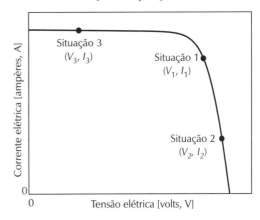

Gráfico 3.4 – Pontos de operação do módulo fotovoltaico ao longo da curva $P - V$ para as três situações de operação mostradas

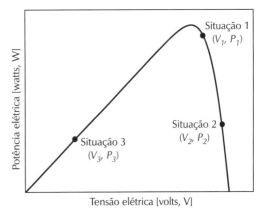

3.7 Influência da temperatura

A temperatura tem influência na tensão que o módulo fornece em seus terminais e consequentemente na potência fornecida. Em temperaturas mais baixas as tensões são maiores e em temperaturas mais altas as tensões são menores, conforme mostra o Gráfico 3.6.

A corrente fornecida pelo módulo não se altera com a temperatura. Uma consequência da variação sobre o módulo fotovoltaico é que, quando a temperatura aumenta, a potência fornecida pelo módulo diminui, pois a potência é o produto da tensão e da corrente do módulo.

Gráfico 3.5 – Influência da radiação solar na operação do módulo fotovoltaico

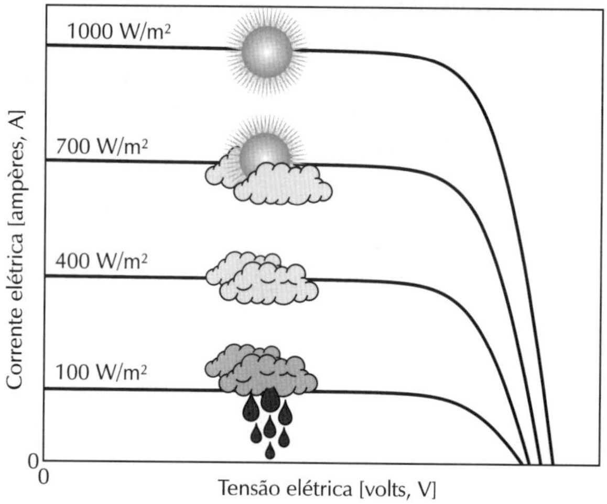

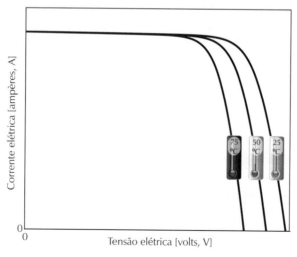

Gráfico 3.6 – Influência da temperatura na operação do módulo fotovoltaico

Células e Módulos Fotovoltaicos

Bosch Solar Module c-Si M 60 | EU30117

Fabricante	Comprimento [x]	Largura [y]	Altura [z]	Peso	Tomada de ligação	Tipo de tomada de ligação	Cabo [l]	Superfície do vidro frontal
17	1660,0	990,0	50,0	21	Spelsberg	MC4	-800 +1200	Estruturada

x, y, z, l em mm, ±2 mm; peso em kg ±0,5

Módulo solar cristalino	
Classes de potência	225 Wp, 230 Wp, 235 Wp, 240 Wp, 245 Wp
Gradação de potência	-0/+4,99 Wp
Estrutura	Laminado de vidro-película ▸ Moldura de alumínio anodizado ▸ Tomada de ligação (IP 65) com 3 diodos de derivação ▸ Película posterior resistente às intempéries (branca)
Células	60 células solares monocristalinas no formato de 156 mm x 156 mm
Carga mecânica admissível	5 400 Pa de carga à superfície, 2 400 Pa de carga do vento, segundo IEC 61215 (ensaio alargado)

Características elétricas em STC*:

Designação	Pmpp [Wp]	Vmpp [V]	Impp [A]	Voc [V]	Isc [A]	Resistência à corrente inversa Ir [A]
M245 3BB	245	30,10	8,20	37,70	8,70	17
M240 3BB	240	30,00	8,10	37,40	8,60	17
M235 3BB	235	29,90	8,00	37,10	8,50	17
M230 3BB	230	29,70	7,90	37,00	8,40	17
M225 3BB	225	29,40	7,80	36,90	8,30	17

Redução da eficiência do módulo em caso de diminuição da intensidade de radiação de 1000 W/m² para 200 W/m² (a 25 °C): -0,33 % (absoluta); tolerância de medição P ±3%

Características elétricas em NOCT*:

Designação	Pmpp [W]	Vmpp [V]	Voc [V]	Isc [A]
M245 3BB	177	27,07	34,09	6,92
M240 3BB	173	26,98	34,00	6,84
M235 3BB	169	26,87	33,89	6,76
M230 3BB	166	26,76	33,79	6,68
M225 3BB	162	26,55	33,49	6,60

NOCT: Normal Operation Cell Temperature 48,4 °C: intensidade de radiação 800 W/m², AM 1,5, temperatura 20 °C, velocidade do vento 1m/s, tensão em circuito aberto

Nota relativa à montagem:
▸ Consultar o manual de montagem e operação em: www.bosch-solarenergy.com.pt/produtos/
▸ Possibilidade de montagem horizontal e vertical
▸ Tensão máxima do sistema até 1 000 V

Comportamento em condições de luminosidade fraca:

Intensidade [W/m²]	Vmpp [%]	Impp [%]
800	0,0	-20
600	0,0	-40
400	-0,4	-60
200	-3,2	-80
100	-6,0	-90

Os dados eléctricos são aplicáveis a 25 °C e AM 1,5.

Características térmicas:

Gama de temperaturas operacionais	-40 bis 85 °C
Coeficiente de temperatura Pmpp	-0,46 %/K
Coeficiente de temperatura Uoc	-0,32 %/K
Coeficiente de temperatura Isc	0,032 %/K

Dimensões**:

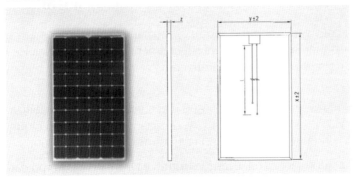

* Os parâmetros elétricos refletem valores médios típicos obtidos com base em dados de produção históricos. A Bosch Solar Energy AG não garante o rigor destes dados em lotes de produção futuros.

** Os desenhos não são apresentados à escala. Para obter medidas e tolerâncias pormenorizadas, ver acima.

Figura 3.17 – Folha de dados dos módulos monocristalinos C-Si M 60.

3.8 Características dos módulos fotovoltaicos comerciais

3.8.1 Folha de dados

Os fabricantes de módulos fotovoltaicos disponibilizam folhas de dados com características elétricas, características mecânicas e outras informações relevantes sobre os módulos.

A Figura 3.17 apresentada anteriormente mostra a folha de dados da família de módulos fotovoltaicos de silício monocristalino da série c-Si M60 EU30117 da Bosch. A seguir vamos analisar detalhadamente as informações dessa folha.

3.8.2 Identificação e informações gerais

Tabela 3.2 – Informações gerais do módulo fotovoltaico Bosch c-Si M60 EU 30117

Fabricante	Comprimento [x]	Largura [y]	Altura [z]	Peso	Tomada de ligação	Tipo de tomada de ligação	Cabo [l]	Superfície do vidro frontal
17	1660,0	990,0	50,0	21	Spelsberg	MC4	−800 +1200	Estruturada

x, y, z, l em mm, ±2 mm; peso em kg ±0,5

Módulo solar cristalino	
Classes de potência	**225 Wp, 230 Wp, 235 Wp, 240 Wp, 245 Wp**
Gradação de potência	−0/+4,99 Wp
Estrutura	Laminado de vidro-película ▨ Moldura de alumínio anodizado ▨ Tomada de ligação (IP 65) com 3 diodos de derivação ▨ Película posterior resistente às intempéries (branca)
Células	**60 células solares monocristalinas** no formato de 156 mm x 156 mm
Carga mecânica admissível	**5400 Pa de carga à superfície, 2400 Pa de carga do vento,** segundo IEC 61215 (ensaio alargado)

A Tabela 3.2 mostra informações gerais sobre o módulo, indicando inicialmente as classes de potência existentes nessa família. Os fabricantes geralmente oferecem módulos de potências próximas. Trata-se do mesmo produto, porém com ligeiras variações na potência máxima de saída.

O modelo geral do módulo, neste exemplo, é o c-Si M60 e esse fabricante disponibiliza os submodelos de 225 W, 230 W, 235 W, 240 W e 245 W. A sigla do modelo indica que se trata de um módulo de silício cristalino (c-Si), com 60 células monocristalinas (M60).

Em seguida a tabela apresenta informações relativas à estrutura e aos materiais empregados na fabricação, quantidade de células existentes e dados sobre a resistência mecânica. As informações disponibilizadas podem variar de um fabricante para outro.

Na parte de informações gerais da folha de dados também se encontram as dimensões (largura, altura e espessura) do módulo, o peso, o tipo de material que recobre o módulo (vidro, neste exemplo) e o tipo de conector disponível para as conexões elétricas (nesse produto usam-se conectores do tipo MC4, estudados mais adiante).

As dimensões físicas indicadas na Tabela 3.2 são explicadas na Figura 3.18, também encontradas na folha de dados.

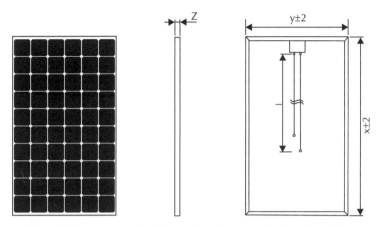

Figura 3.18 – Aspecto do módulo e desenho com cotas das dimensões.

3.8.3 Características elétricas em STC

Uma das partes mais importantes da folha de dados do módulo fotovoltaico é a tabela de características elétricas em STC.

A sigla STC (*Standard Test Conditions*) refere-se às condições padronizadas de teste do módulo. Todos os fabricantes de módulos fotovoltaicos realizam testes nas mesmas condições, que são padronizadas por organismos internacionais de certificação. Assim é possível comparar módulos de diversos fabricantes de acordo com os mesmos critérios.

A condição padrão de teste (STC) considera a irradiância solar de 1000 W/m^2 e a temperatura de 25 °C da célula solar. Essa condição é produzida em laboratório, dentro de uma câmara climática que possui um sistema preciso de controle e medição de iluminação e de temperatura.

A Tabela 3.3 mostra as características elétricas nessas condições para a família de módulos Bosch c-Si M60. A seguir vamos entender o que significa cada item especificado na tabela.

Tabela 3.3 – Características elétricas em STC do módulo fotovoltaico Bosch c-Si M60

Designação	Pmpp [Wp]	Vmpp [V]	Impp [A]	V_{OC} [V]	I_{SC} [A]	Resistência à corrente inversa Ir [A]
M245 3BB	245	30,10	8,20	37,70	8,70	17
M240 3BB	240	30,00	8,10	37,40	8,60	17
M235 3BB	235	29,90	8,00	37,10	8,50	17
M230 3BB	230	29,70	7,90	37,00	8,40	17
M225 3BB	225	29,40	7,80	36,90	8,30	17

Redução da eficiência do módulo em caso de diminuição da intensidade de radiação de 1000 W/m^2 para 200 W/m^2 (a 25°C): –0,33% (absoluta); tolerância de medição P ±3%

Tensão de circuito aberto (V_{OC})

A tensão de circuito aberto, simbolizada como V_{OC} (OC = Open Circuit) na literatura técnica internacional de sistemas fotovoltaicos, é o valor da tensão elétrica, medida em volts [V], que o módulo fornece nos seus terminais quando estão desconectados.

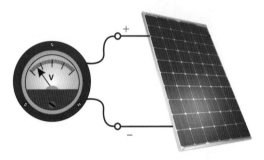

Figura 3.19 – Tensão de circuito aberto do módulo medida por um voltímetro.

Em outras palavras, V_{OC} é a tensão medida por um voltímetro quando não existe nada ligado ao módulo ou quando não existe corrente elétrica circulando pelo módulo, como mostra a Figura 3.20.

A informação sobre a tensão de circuito aberto é importante para o dimensionamento de um sistema fotovoltaico, pois o projeto de um sistema deve respeitar as tensões máximas dos inversores, baterias, controladores de carga e outros componentes que são ligados aos módulos fotovoltaicos.

Corrente de curto-circuito (I_{SC})

A corrente de curto-circuito do módulo fotovoltaico, simbolizada como I_{SC} (SC = Short Circuit), medida em ampères (A), é a corrente elétrica que o módulo consegue fornecer quando seus terminais estão em curto-circuito.

Evidentemente não existe nenhuma utilidade em fazer um curto-circuito no módulo fotovoltaico. A informação da corrente de curto-circuito é útil para auxiliar no dimensionamento dos sistemas fotovoltaicos e na especificação dos equipamentos e acessórios ligados ao módulo, pois indica a máxima corrente que o módulo pode fornecer quando recebe 1000 W/m² de radiação solar. O valor da corrente de curto-circuito é a corrente máxima, em qualquer hipótese, que o módulo vai fornecer nessa condição.

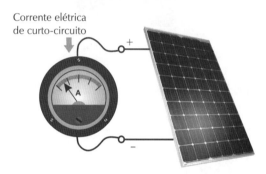

Figura 3.20 – Corrente de curto-circuito do módulo medida por um amperímetro.

Tensão de máxima potência (V_{MP})

A tensão de máxima potência V_{MP} é o valor da tensão nos terminais do módulo quando fornece sua potência máxima na condição padronizada de teste. Ou seja, é a tensão do módulo no ponto de máxima potência mostrado nas curvas $I - V$ e $P - V$ dos Gráficos 3.1 e 3.2, respectivamente.

Corrente de máxima potência (I_{MP})

Analogamente, a corrente de máxima potência é o valor da corrente nos terminais do módulo quando fornece sua potência máxima na condição padronizada de teste. Ou seja, é a corrente do ponto de máxima potência mostrado nas curvas $I - V$ e $P - V$ dos Gráficos 3.1 e 3.2, respectivamente.

Potência de pico ou máxima potência (P_{MP})

A potência de pico é a máxima potência que o módulo pode fornecer na condição padronizada de teste (STC). Ou seja, é o valor da potência no ponto de máxima potência mostrado nas curvas $I - V$ e $P - V$ dos Gráficos 3.1 e 3.2, respectivamente.

O valor da máxima potência corresponde à multiplicação da corrente de máxima potência (I_{MP}) pela tensão de máxima potência (V_{MP}).

Eficiência do módulo (η)

Critérios de teste padronizados são empregados pelos organismos de certificação nacionais e internacionais para a avaliação dos módulos antes de serem lançados no mercado.

No Brasil os módulos fotovoltaicos são avaliados e certificados pelo Inmetro (Instituto Nacional de Metrologia, Qualidade e Tecnologia) através de seus laboratórios credenciados.

Após os testes, recebem um selo do Programa Nacional de Conservação de Energia Elétrica (Procel), o qual atesta a classe de eficiência do módulo. Os módulos c-Si M60 da Bosch, cuja folha de dados é mostrada na Figura 3.17, recebem a classificação máxima de eficiência do Inmetro.

Alguns fabricantes mencionam em suas folhas de dados a eficiência do módulo. Mesmo quando essa informação não está explícita, é possível identificar a eficiência do módulo a partir das suas características.

A eficiência de conversão η de um módulo fotovoltaico pode ser calculada com a seguinte expressão:

$$\eta_P = \frac{P_{MÁX}}{A_P \times 1000}$$

em que $P_{MÁX}$ é a potência máxima ou de pico do módulo [W] e A_P é a área do módulo (m^2) calculada a partir das dimensões fornecidas na folha de dados.

Na fórmula apresentada o número 1000 corresponde à taxa de radiação solar padronizada de 1000 W/m^2 em STC.

Exemplo de cálculo da eficiência de um módulo fotovoltaico

O módulo Bosch M2403BB de 240 W possui os seguintes dados informados em sua folha de dados:

$P_{MÁX}$ = 240 W (potência de pico em STC)

A_P = 0,99 m x 1,66 m = 1,6434 m^2 (área do módulo)

Então a eficiência de conversão do módulo é:

η = 240 / 1000 / 1,6434 = 0,146 = 14,6%

Resistência à corrente inversa

A especificação de resistência à corrente inversa fornecida pelo fabricante diz respeito à corrente elétrica que o módulo pode suportar no sentido contrário, ou seja, a corrente que entra em seu terminal positivo e sai pelo seu terminal negativo.

Em operação normal, o módulo fotovoltaico é um fornecedor de energia, portanto o sentido normal da corrente elétrica é saindo do terminal positivo e entrando pelo terminal negativo, como mostra a Figura 3.21.

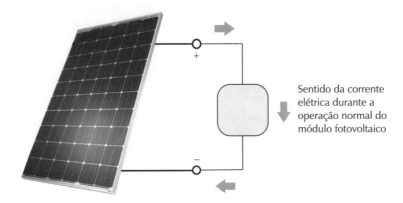

Figura 3.21 – Polaridade da corrente do módulo fotovoltaico em operação normal.

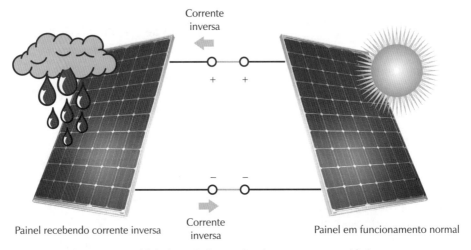

Figura 3.22 – Módulo fotovoltaico recebendo corrente no sentido inverso.

A Figura 3.22 mostra o que acontece quando dois módulos estão conectados em paralelo e um deles recebe menos radiação solar do que o outro. O módulo iluminado fornece corrente elétrica para o módulo escurecido, forçando a corrente no sentido da polaridade inversa, ou seja, entrando pelo terminal positivo e saindo pelo negativo.

Essa é uma situação que pode provocar a danificação do painel caso a corrente reversa exceda o limite máximo especificado na folha de dados. Essa situação pode ocorrer em sistemas fotovoltaicos que possuem grandes conjuntos de módulos conectados em paralelo.

3.8.4 Características elétricas em NOCT

A folha de dados do módulo fotovoltaico também fornece a tabela de características elétricas na condição de NOCT, que representa a temperatura normal de operação da célula (NOCT= *Normal Operation Cell Temperature*).

A tabela indica as tensões, correntes e potências do módulo em condições reais de operação, com temperatura da célula de 48,4 °C e taxa de radiação solar de 800 W/m^2.

Os valores obtidos na condição de NOCT são mais próximos do funcionamento real do módulo fotovoltaico e mostram quanta energia ele realmente vai produzir.

O valor de 48,4 °C foi adotado pelos fabricantes e pelos organismos internacionais de normatização e certificação, pois essa é a temperatura média de uma célula solar quando a temperatura do ar é de 20 °C. Na realidade a temperatura pode ser maior ou menor, variando de um tipo de célula para outro, mas esse valor foi adotado mundialmente como referência para os testes em NOCT cujos resultados são indicados nas folhas de dados.

Tabela 3.4 – Características elétricas em NOCT do módulo fotovoltaico Bosch c-Si M60

Designação	Pmpp [W]	Vmpp [V]	V_{OC} [V]	I_{SC} [A]
M245 3BB	177	27,07	34,09	6,92
M240 3BB	173	26,98	34,00	6,84
M235 3BB	169	26,87	33,89	6,76
M230 3BB	166	26,76	33,79	6,68
M225 3BB	162	26,55	33,49	6,60

NOCT: *Normal Operation Cell Temperature* 48,4 °C: intensidade de radiação 800 W/m^2, AM 1,5, temperatura 20 °C, velocidade do vento 1 m/s, tensão em circuito aberto.

3.8.5 Características térmicas

As características térmicas indicadas pela folha de dados mostram como o módulo se comporta diante de variações de temperatura.

Tabela 3.5 – Características térmicas do módulo fotovoltaico Bosch c-Si M60

Gama de temperaturas operacionais	−40 °C a 85 °C
Coeficiente de temperatura Pmpp	−0,46%/K
Coeficiente de temperatura V_{OC}	−0,32%/K
Coeficiente de temperatura I_{SC}	0,032%/K

Na Tabela 3.5 a primeira informação é sobre a faixa de temperatura de operação, de -40 °C a 85 °C, na primeira linha.

Em seguida é apresentado o coeficiente de temperatura de potência, que mostra a redução de potência (em porcentagem) para cada grau de aumento de temperatura.

A terceira linha da tabela mostra o coeficiente de temperatura de tensão, que indica a redução da tensão de saída do módulo (em porcentagem) para cada grau de aumento de temperatura.

Por último a tabela indica o coeficiente de temperatura de corrente, que mostra quanto a corrente aumenta (em porcentagem) para cada grau de aumento de temperatura.

3.9 Conjuntos ou arranjos fotovoltaicos

Os sistemas fotovoltaicos podem empregar um grande número de módulos conectados em série ou em paralelo para produzir a quantidade de energia elétrica desejada.

Um agrupamento de módulos é denominado arranjo ou conjunto fotovoltaico. Na literatura em língua inglesa usa-se o termo *array* para definir um conjunto de módulos.

A Figura 3.23 ilustra um arranjo fotovoltaico empregado num sistema fotovoltaico conectado à rede elétrica.

Figura 3.23 – Conjunto de módulos fotovoltaicos.

A Figura 3.24 ilustra os modos de ligação de módulos em série e paralelo. Conjuntos com mais de dez módulos em série são comuns em sistemas conectados à rede elétrica, que operam com tensões mais elevadas.

Conjuntos de módulos em paralelo são comuns em sistemas fotovoltaicos autônomos, que operam com tensões baixas.

Para aumentar a potência do sistema, conjuntos de módulos em série podem ser acrescentados em paralelo, situação também mostrada na Figura 3.24.

Os conjuntos de módulos em série recebem o nome de *strings*. Esse termo é empregado com muita frequência no estudo de sistemas fotovoltaicos conectados à rede, como será visto no capítulo dedicado a esses sistemas.

3.9.1 Conexão de módulos em série

Quando os módulos são conectados em série, conforme visto na Figura 3.24, a tensão de saída do conjunto corresponde à soma da tensão fornecida por cada um dos módulos. A corrente que circula pelo conjunto é a mesma em todos os módulos.

O Gráfico 3.7 ilustra a característica $I - V$ de um conjunto de dois módulos em série. O formato da curva do conjunto é semelhante ao da curva de um único módulo. A tensão de circuito aberto do conjunto ($2 \times V_{OC}$) é a soma das tensões de circuito aberto dos módulos individuais (V_{OC}), e a corrente de curto-circuito (I_{SC}) é igual à corrente de um módulo individual.

Células e Módulos Fotovoltaicos

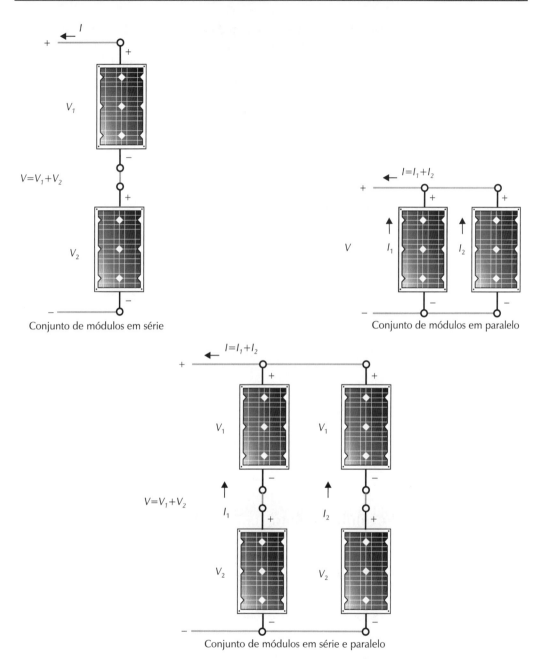

Figura 3.24 – Modos de ligação de conjuntos de módulos em série e paralelo.

3.9.2 Conexão de módulos em paralelo

Quando módulos são conectados em paralelo, conforme visto na Figura 3.24, a tensão de saída do conjunto é a mesma tensão fornecida por um módulo individual. Por outro lado, a corrente fornecida pelo conjunto é a soma das correntes dos módulos do conjunto.

O Gráfico 3.8 ilustra a característica $I - V$ de um conjunto de dois módulos em paralelo. O formato da curva do conjunto é semelhante ao da curva de um único módulo. A tensão de circuito aberto do conjunto (V_{OC}) é a mesma tensão de um módulo individual (V_{OC}), mas a corrente de curto-circuito da curva resultante ($2 \times I_{SC}$) é o dobro da corrente de um módulo individual.

Gráfico 3.7 – Característica $I - V$ de um conjunto de dois módulos em série

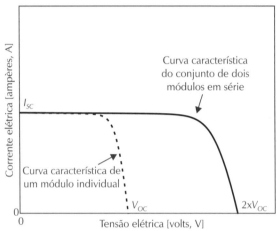

Gráfico 3.8 – Característica $I - V$ de um conjunto de dois módulos em paralelo

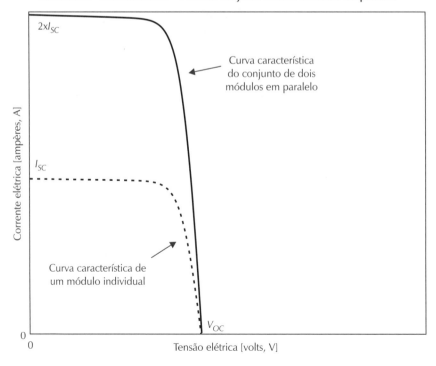

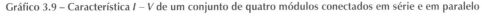

3.9.3 Conexão de módulos em série e paralelo

Quando módulos são conectados em série e depois em paralelo, conforme visto na Figura 3.24, a tensão de saída e a corrente fornecida pelo conjunto são somadas, como se observa na curva $I - V$ resultante do conjunto mostrada no Gráfico 3.9.

Gráfico 3.9 – Característica $I - V$ de um conjunto de quatro módulos conectados em série e em paralelo

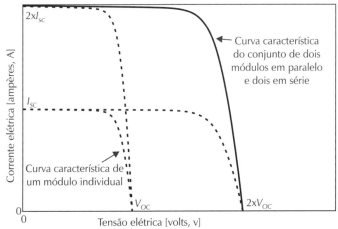

3.10 Sombreamento de módulos fotovoltaicos

Um módulo fotovoltaico sujeito a uma sombra causada por um obstáculo pode deixar de produzir energia mesmo se apenas uma de suas células estiver recebendo pouca luz.

Como sabemos, a intensidade da corrente elétrica de uma célula fotovoltaica é diretamente proporcional à intensidade da radiação que incide sobre ela. Se uma célula tiver pouca ou nenhuma luz, sua corrente torna-se muito pequena ou nula.

Por estarem conectadas em série, as células de um módulo fotovoltaico dependem umas das outras para produzir corrente. O efeito do sombreamento é bastante prejudicial aos sistemas fotovoltaicos. A localização dos módulos fotovoltaicos deve ser cuidadosamente escolhida para que não ocorram sombras sobre suas superfícies.

O efeito do sombreamento acontece quando uma ou mais células recebem pouca ou nenhuma luz, impedindo a passagem da corrente elétrica das outras células. O mesmo efeito acontece em módulos conectados em série. Se um dos módulos de um conjunto estiver recebendo menos luz do que os demais, a corrente elétrica de todo o conjunto é reduzida e consequentemente o sistema produz menos energia.

Vamos entender o efeito do sombreamento analisando inicialmente a Figura 3.25, que ilustra uma fileira de células conectadas em série, representando um módulo fotovoltaico. Nesse caso todas as células recebem a mesma quantidade de luz e a corrente elétrica flui normalmente pelos terminais do módulo.

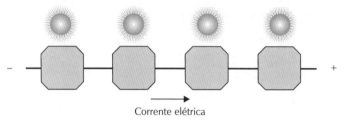

Figura 3.25 – Módulo fotovoltaico: funcionamento normal.

Na Figura 3.26 o mesmo conjunto tem a passagem de luz de uma das células obstruída. Como a corrente elétrica da célula fotovoltaica depende da quantidade de luz, a corrente produzida pela célula obstruída é muito pequena ou zero. O problema nesse caso é que a célula que produz pouca corrente acaba limitando a corrente das outras células, pois estão ligadas em série. Dessa forma o funcionamento de todo o módulo pode ser prejudicado apenas por uma obstrução de luz causada por uma pequena sombra. Isso é muito comum nos sistemas fotovoltaicos instalados perto de prédios, árvores e outros obstáculos que podem prejudicar a passagem da luz.

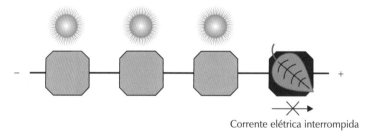

Figura 3.26 – Módulo fotovoltaico com sombra em uma célula (sem diodo de *bypass*).

Para minimizar o efeito do sombreamento nos módulos fotovoltaicos, os fabricantes adicionam diodos de *bypass* (ou de passagem) ligados em paralelo com as células. O ideal seria existir um diodo para cada célula do módulo, mas isso teria um custo muito alto e tornaria difícil a fabricação dos módulos. Os fabricantes usam um diodo para um grupo com um certo número de células, como mostra a Figura 3.27.

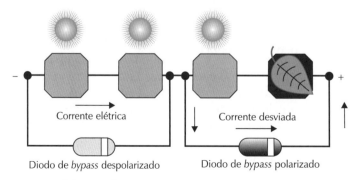

Figura 3.27 – Módulo fotovoltaico com sombra em uma célula (com diodo de *bypass*).

Com o uso do diodo de *bypass*, mesmo que uma das células esteja escurecida e produzindo pouca corrente, as outras células do módulo podem continuar produzindo corrente, pois a corrente da célula problemática é desviada pelo diodo em paralelo. Não é uma solução ideal, mas melhora a produção de energia do módulo fotovoltaico em caso de sombreamento ou escurecimento parcial de suas células.

No Gráfico 3.10 vemos a diferença entre os comportamentos de um conjunto de células com diodo de *bypass* e sem diodo. A curva maior mostra a característica *I – V* do conjunto sem a presença de sombreamento, ou seja, quando todas as células estão iluminadas igualmente. Nesse caso os diodos de *bypass*, mesmo se estiverem presentes, não têm função.

Gráfico 3.10 – Resultado do sombreamento na característica *I – V* do módulo

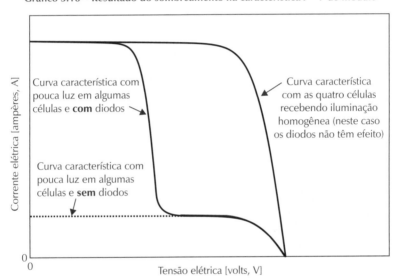

A curva menor e tracejada mostra o comportamento do conjunto com sombreamento de uma de suas células e sem a presença de diodos de *bypass*. Observa-se que a corrente do conjunto é limitada pela célula problemática.

A curva intermediária mostra o comportamento do conjunto na presença de sombreamento e com a presença de diodos de *bypass*. Nesse caso observa-se que até uma certa faixa de tensão o diodo de *bypass* da célula defeituosa está em operação e a corrente fornecida pelo módulo é máxima, ou seja, é a corrente fornecida pelas células que recebem normalmente a radiação solar.

A partir de um certo valor de tensão os diodos de *bypass* são despolarizados e a corrente do módulo é limitada ao valor da corrente que as células problemáticas podem fornecer. Embora os diodos de *bypass* não sejam uma solução excelente, permitem que pelo menos parte da capacidade de fornecimento de corrente do módulo seja normalizada em algumas regiões da sua curva *I – V* característica.

3.11 Conexões elétricas

Caixa de junção

Os módulos fotovoltaicos comerciais apresentam uma caixa de conexões, geralmente denominada caixa de junção, em sua parte traseira, como a ilustrada na Figura 3.28.

A caixa de junção recebe os terminais das conexões elétricas das células fotovoltaicas e aloja os diodos de *bypass* do módulo. Na parte externa, os cabos elétricos de conexão do módulo são conectados à caixa de junção através de dois conectores externos, que podem ser vistos na Figura 3.28.

As caixas de conexões dos módulos fotovoltaicos comerciais normalmente são seladas e resinadas e o usuário não tem acesso ao seu conteúdo.

Figura 3.28 – Caixa de junção usada na parte traseira de um módulo fotovoltaico, contendo as conexões elétricas e diodos de *bypass*.

Cabos elétricos

O acesso à eletricidade do módulo fotovoltaico dá-se através de dois cabos elétricos conectados à caixa de junção e com terminais elétricos padronizados para sistemas fotovoltaicos. Os cabos elétricos geralmente são fornecidos pelos fabricantes junto com os módulos.

Os cabos que acompanham os módulos de fábrica têm comprimentos adequados para que os módulos possam ser colocados lado a lado e conectados em série para formar *strings* em conjuntos fotovoltaicos.

Os cabos elétricos empregados nos módulos fotovoltaicos e nas instalações fotovoltaicas em geral devem ter características especiais, próprias para aplicações nesse segmento.

Os sistemas fotovoltaicos geralmente trabalham com tensões de corrente contínua mais elevadas do que as tensões de corrente alternada encontradas nas instalações elétricas convencionais, principalmente os sistemas fotovoltaicos conectados à rede elétrica.

Além disso, nas instalações fotovoltaicas os cabos normalmente ficam sujeitos a intempéries e radiação solar excessiva, o que exige cabos elétricos com características específicas para evitar ressecamento e deterioração acelerada.

A Figura 3.29 ilustra uma linha industrial de cabos para aplicações fotovoltaicas. Suas características são descritas na Tabela 3.6.

Figura 3.29 – Cabos fotovoltaicos Flex-Sol.

Tabela 3.6 – Características dos cabos Flex-Sol, próprios para aplicações fotovoltaicas

Características elétricas	
Tensão nominal	Máxima: 1,8 kVcc
Corrente de trabalho	1,5 mm^2: 30 A / 2,5 mm^2: 41 4,0 mm^2: 55 A / 6,0 mm^2: 70 A 10 mm^2: 98 A
Tensão de trabalho	1,0 kVcc
Características térmicas e mecânicas	
Temperatura ambiente	–40 ºC a +90 ºC
Alta resistência contra incêndio	+120º (por mais de 20.000 horas)
Vida útil	25 anos
Flexível em baixas temperaturas	Sim
Resistente à abrasão	Sim
Resistência a intempéries	
Resistente a:	Radiação ultravioleta, ozônio, hidrólise, ácidos, óleos

Fonte: Solar Line Catalog, Multi-Contact, Stäubli Group

Conectores

Na prática a conexão de módulos fotovoltaicos em série é feita com os conectores que já são fornecidos com os módulos, bastando conectar o terminal positivo de um módulo ao terminal negativo do outro.

As conexões em paralelo são feitas com conectores auxiliares ou com caixas de *strings* (*string boxes*), que serão abordadas posteriormente.

As figuras a seguir ilustram alguns tipos de conectores específicos para sistemas fotovoltaicos encontrados no mercado. Os conectores MC3 e MC4 foram desenvolvidos especialmente para aplicações fotovoltaicas e tornaram-se padrões mundiais.

Atualmente os conectores MC4 passaram a ser adotados pela maior parte dos fabricantes de módulos fotovoltaicos, pois conferem maior segurança às conexões elétricas através de seu sistema de travamento, que impede que a conexão seja facilmente interrompida, a menos que uma trava seja pressionada pelo usuário.

Na Figura 3.30 observa-se um conjunto completo de conexões elétricas externas empregado em módulos fotovoltaicos, com caixa de junção, cabos elétricos positivo e negativo e conectores macho e fêmea do tipo MC4.

Figura 3.30 – Caixa de junção fornecida de fábrica com cabos fotovoltaicos e conectores macho e fêmea do tipo MC4.

A Figura 3.31 apresenta a família de conectores MC4, os quais são empregados nos cabos fornecidos com os módulos fotovoltaicos e também podem ser usados na confecção de cabos para instalações fotovoltaicas em geral. Através de ferramentas apropriadas, que são fornecidas pelo fabricante dos conectores, o usuário pode confeccionar cabos com as características necessárias para a sua aplicação.

Na Figura 3.31 são apresentados conectores auxiliares que permitem a ligação de módulos fotovoltaicos em paralelo. São ideais para pequenos sistemas fotovoltaicos e permitem dispensar a confecção de um quadro elétrico para conexões entre vários módulos paralelos.

Figura 3.31 – Família de conectores MC4.

A Figura 3.32 ilustra conectores com funções semelhantes às dos conectores mostrados anteriormente, porém estes são da família MC3, que tende a desaparecer do mercado, pois atualmente os conectores MC4 tornaram-se o padrão da indústria fotovoltaica. Os conectores MC3 não possuem sistema de travamento para impedir a interrupção acidental das conexões elétricas.

Conector macho

Conector para ligação paralela
uma conexão fêmea e duas conexões machos

Conector fêmea

Conector para ligação paralela
uma conexão macho e duas conexões fêmeas

Figura 3.32 – Família de conectores MC3.

Exercícios

1. Explique como funciona o efeito fotovoltaico.

2. Qual é a matéria-prima para a fabricação de células fotovoltaicas?

3. O que é um lingote? E um *wafer*?

4. Quais são os principais tipos de células fotovoltaicas existentes?

5. Cite as principais diferenças entre os módulos monocristalinos, policristalinos e de filmes finos.

6. Explique a diferença entre módulo, placa e painel fotovoltaico.

7. Quais são os componentes de um módulo fotovoltaico comercial?

8. O que significa a curva característica de tensão e corrente de um módulo fotovoltaico?

9. Explique cada uma das características elétricas de um módulo fotovoltaico comercial.

10. Explique as condições de teste STC e NOCT.

11. O que acontece com a tensão de saída de um módulo fotovoltaico quando a temperatura aumenta?

12. Qual é o fator que influencia a intensidade da corrente elétrica fornecida pelo módulo fotovoltaico?

13. O que é a corrente inversa do módulo fotovoltaico?

14. Como os módulos fotovoltaicos podem ser conectados em série e em paralelo?

15. O que acontece quando uma sombra incide sobre um módulo fotovoltaico?

16. O que são e para que servem os diodos de *bypass*?

17. O que é uma caixa de junção?

18. Quais os tipos de conectores para instalações fotovoltaicas citados no texto, e qual deles é o mais empregado atualmente?

19. Cite algumas características especiais dos cabos elétricos empregados nas instalações fotovoltaicas.

20. Calcule as eficiências dos módulos Bosch c-Si M60 EU30117 com as informações encontradas em sua folha de dados.

Sistemas Fotovoltaicos Autônomos

4.1 Aplicações dos sistemas fotovoltaicos autônomos

Os sistemas fotovoltaicos autônomos, também chamados sistemas isolados, são empregados em locais não atendidos por uma rede elétrica. Podem ser usados para fornecer eletricidade para residências em zonas rurais, na praia, no camping, em ilhas e em qualquer lugar onde a energia elétrica não esteja disponível.

Sistemas autônomos também encontram aplicação na iluminação pública, na sinalização de estradas, na alimentação de sistemas de telecomunicações e no carregamento das baterias de veículos elétricos. Podem ser usados para fornecer eletricidade para veículos terrestres e náuticos e para um número infinito de aplicações, desde pequenos aparelhos eletrônicos portáteis até sistemas aeroespaciais.

Muitos lugares do Brasil não são atendidos por rede elétrica. Nesses locais um sistema fotovoltaico autônomo pode ser empregado para substituir geradores movidos a diesel, com a vantagem da redução de ruídos e poluição.

Em locais como fazendas, ilhas e comunidades isoladas na Amazônia, por exemplo, um sistema fotovoltaico pode ser a melhor opção para a geração local de eletricidade. Os sistemas fotovoltaicos exigem pouca manutenção, são silenciosos, ecológicos e não precisam de abastecimento de combustível.

As figuras apresentadas em seguida ilustram diversos exemplos de aplicações de sistemas fotovoltaicos.

98 Energia Solar Fotovoltaica - Conceitos e Aplicações

Figura 4.1 – Sistema de sinalização marítima alimentado por células fotovoltaicas.

Figura 4.4 – Aparelhos eletrônicos portáteis são exemplos de sistemas autônomos, como a calculadora alimentada por duas pequenas células fotovoltaicas.

Figura 4.2 – À esquerda, um sistema fotovoltaico usado para recarregar a bateria de um veículo elétrico. À direta, um parquímetro alimentado por um pequeno módulo fotovoltaico.

Figura 4.5 – Carregador de celular portátil alimentado por uma célula fotovoltaica.

Figura 4.3 – Módulos fotovoltaicos são empregados para fornecer eletricidade a sistemas autônomos de sinalização e de telecomunicações.

Figura 4.6 – Postes de iluminação autônomos alimentados por módulos fotovoltaicos.

Sistemas Fotovoltaicos Autônomos

Figura 4.7 – Embarcação eletrificada com um sistema fotovoltaico autônomo.

Figura 4.8 – Sistemas fotovoltaicos fornecem eletricidade em aplicações aeroespaciais.

 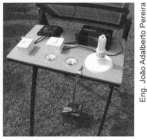

Figura 4.9 – Kit autônomo de energia fotovoltaica.

Figura 4.10 – Estação meteorológica alimentada por um módulo fotovoltaico.

Figura 4.11 – Sistema portátil de energia fotovoltaica.

Figura 4.12 – Sistema autônomo de bombeamento de água alimentado por um módulo fotovoltaico.

Figura 4.13 – Estação autônoma de recarga de veículos elétricos alimentada por módulos fotovoltaicos.

4.2 Componentes de um sistema fotovoltaico autônomo

Um sistema fotovoltaico autônomo é geralmente composto de uma placa ou um conjunto de placas fotovoltaicas, um controlador de carga, uma bateria e, conforme a aplicação, um inversor de tensão contínua para tensão alternada.

Os módulos fotovoltaicos produzem energia na forma de corrente e tensão contínuas, e para algumas aplicações é necessário converter essa energia em tensão e corrente alternadas através do inversor.

Em aplicações que requerem baterias deve ser empregado um controlador de carga, que é um carregador de bateria específico para aplicações fotovoltaicas.

O controlador de carga é usado para regular a carga da bateria e prolongar sua vida útil, protegendo-a de sobrecargas ou descargas excessivas. Alguns modelos de controladores ainda têm a função de maximizar a produção de energia do painel fotovoltaico através do recurso denominado MPPT (*Maximum Power Point Tracking* - rastreamento do ponto de máxima potência).

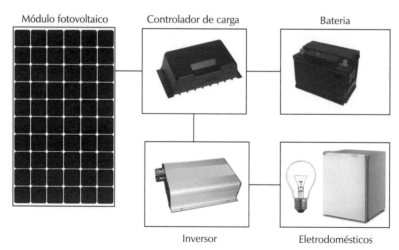

Figura 4.14 – Componentes de um sistema fotovoltaico autônomo típico.

Observe na Figura 4.14 os componentes básicos de um sistema fotovoltaico isolado ou autônomo. O sistema é composto de um ou mais módulos fotovoltaicos, um controlador de carga, uma bateria e um inversor que transforma a tensão contínua em tensão alternada.

O inversor pode alimentar lâmpadas, aparelhos eletrodomésticos, computadores e qualquer tipo de equipamento que normalmente é alimentado pelas redes residenciais de tensão alternada. Aparelhos que utilizam tensão e corrente contínuas podem ser ligados diretamente ao controlador de carga, sem a necessidade do inversor.

4.3 Baterias

Nos sistemas autônomos a geração e o consumo de energia nem sempre coincidem devido à característica intermitente e aleatória da radiação solar ao longo de horas, minutos e segundos.

A presença de uma bateria é necessária para proporcionar fornecimento constante de energia para o consumidor e para evitar desperdício da energia gerada quando o consumo é baixo, permitindo seu armazenamento para uso posterior, nos momentos em que houver pouca ou nenhuma radiação, no período da noite e nos dias nublados e chuvosos.

Na maior parte dos sistemas fotovoltaicos autônomos a presença de uma bateria ou de um banco de baterias também é necessária para estabilizar a tensão fornecida aos equipamentos ou ao inversor eletrônico, uma vez que a tensão de saída do módulo fotovoltaico não é constante e pode variar. Dessa forma a bateria funciona como um acoplador entre o módulo e o restante do sistema, impondo ao módulo fotovoltaico uma tensão de trabalho constante.

4.3.1 Bancos de baterias

As baterias podem ser agrupadas em série ou em paralelo para formar bancos de baterias. A associação em série permite obter tensões maiores e a associação em paralelo permite acumular mais energia ou fornecer mais corrente elétrica com a mesma tensão.

A Figura 4.15 ilustra os modos de conexão das baterias para a constituição de bancos.

Na conexão em série a tensão do banco é a soma das tensões de cada bateria e a corrente do conjunto é a mesma fornecida por uma única bateria. A conexão em série de baterias é utilizada para proporcionar tensões maiores. Normalmente as baterias encontradas no mercado têm tensões de 12 V, 24 V e 48 V. Um banco de 48 V e 100 Ah, por exemplo, pode ser constituído de uma única bateria de 48 V e 100 Ah ou por quatro baterias de 12 V e 100 Ah ligadas em série.

Na conexão de baterias em paralelo a tensão do banco é a mesma tensão de uma bateria individual e as correntes são somadas. Esse tipo de conexão é empregado para proporcionar capacidades maiores de corrente, mantendo-se a tensão num nível baixo.

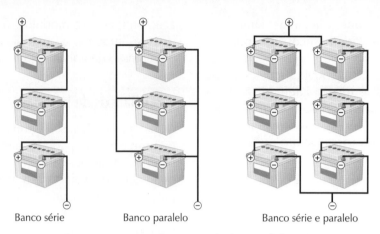

Banco série   Banco paralelo   Banco série e paralelo

Figura 4.15 – Modos de conexão dos bancos de baterias.

Para aumentar simultaneamente a tensão e a capacidade de corrente e de armazenamento de carga nos bancos, pode-se realizar ao mesmo tempo a conexão de baterias em série e paralelo, como ilustra a Figura 4.15. Primeiramente são agregadas as baterias em série para obter tensões maiores, e posteriormente se acrescentam conjuntos em paralelo para proporcionar maior corrente de saída e elevar a capacidade de armazenamento de carga.

4.3.2 Tipos de baterias

Existem muitos tipos de baterias elétricas, sendo as baterias de chumbo ácido as mais conhecidas e utilizadas. As baterias de chumbo podem ser de ácido líquido ou em gel e podem ser seladas ou abertas.

As baterias seladas não requerem a adição de água. Uma alternativa às baterias de chumbo ácido são as de níquel-cádmio ou níquel-metal-hidreto.

As baterias de níquel são mais caras, porém são mais duráveis e podem ser mais adequadas em algumas aplicações remotas, onde existe dificuldade para manutenção e de acesso. Nesse caso são vantajosas e seu custo inicial é compensado pela redução dos custos de manutenção dos sistemas.

Bateria de chumbo ácido estacionária com eletrólito líquido

Esse tipo de bateria é muito difundido no mercado devido ao seu custo reduzido e é o mais empregado nos sistemas fotovoltaicos autônomos.

A bateria de chumbo ácido estacionária, como a ilustrada na Figura 4.16, tem aspecto semelhante ao de uma bateria automotiva, porém há importantes diferenças técnicas entre esses dois tipos.

Nas aplicações fotovoltaicas não se recomenda o uso de baterias automotivas convencionais. Aplicações fotovoltaicas exigem o uso de baterias estacionárias. A seguir vamos conhecer as características dessas baterias e entender as diferenças entre a bateria estacionária e a bateria automotiva.

Figura 4.16 – Aspecto de uma bateria estacionária de chumbo ácido com eletrólito líquido.

A bateria de chumbo ácido automotiva não é adequada para aplicações que precisam de corrente elétrica por períodos prolongados. A bateria automotiva foi projetada para oferecer grande intensidade de corrente elétrica por um curto período de tempo e sofre rápidas descargas durante o acionamento do motor de arranque do veículo. Durante o funcionamento do veículo o alternador, que é um gerador de eletricidade, fornece toda a energia de que o automóvel precisa e a bateria é apenas recarregada.

O tempo de partida de um veículo automotor é pequeno em relação ao seu tempo de funcionamento. Após ser descarregada rapidamente quando o veículo é ligado, a bateria é recarregada enquanto ele permanece em funcionamento. Uma bateria automotiva normalmente se descarrega apenas 20% durante o uso normal, o que é necessário para prolongar sua vida útil.

A bateria de chumbo ácido de eletrólito líquido é construída de placas de chumbo mergulhadas em uma solução ácida. A energia é inserida na bateria e dela retirada através de reações químicas do chumbo com o ácido. Para poder fornecer uma grande intensidade de corrente, a bateria automotiva é construída com placas metálicas finas para aumentar sua área de superfície. Uma superfície grande é necessária para permitir rápidas reações químicas quando a descarga da bateria é solicitada. No uso automotivo a descarga ocorre com pouca frequência e as placas são pouco utilizadas. Se forem usadas para fornecer corrente durante um longo período de tempo, essas placas tendem a deslocar-se devido às forças mecânicas produzidas pela passagem da corrente e a bateria é danificada.

Em contrapartida, uma bateria estacionária possui placas metálicas mais grossas, sendo projetada para fornecer correntes constantes por longos períodos de tempo. Ela pode oferecer sobrecorrente quando necessário, mas foi projetada para fornecer correntes de valores menores durante o uso normal em um sistema fotovoltaico autônomo. Uma bateria estacionária é projetada para ser descarregada completamente várias vezes, algo que não é possível numa bateria automotiva.

A bateria estacionária foi desenvolvida especialmente para aplicações fotovoltaicas e outros tipos de sistemas que necessitam de armazenamento de energia para a alimentação de equipamentos elétricos e eletrônicos. Pode ser usada por um longo tempo e pode ser descarregada até atingir uma porcentagem menor de sua carga máxima sem se danificar.

Além de tudo, a bateria estacionária possui uma taxa de autodescarga menor do que a de uma bateria automotiva convencional, ou seja, a carga elétrica é preservada por mais tempo mesmo quando a bateria não está em uso. Na prática, nos sistemas fotovoltaicos a carga da bateria é mantida pelo controlador de carga mesmo quando ela não é utilizada. A menor taxa de autodescarga tem a vantagem de tornar a bateria mais eficiente no armazenamento da eletricidade.

Uma bateria automotiva tem duas especificações principais:

- **Corrente de partida a frio:** corrente que a bateria pode produzir durante 30 segundos.

- **Capacidade de reserva:** o tempo durante o qual a bateria pode fornecer uma certa corrente (25 A) enquanto mantém sua tensão acima de um determinado valor que representa o estado crítico de carga (10,5 V).

Em geral uma bateria estacionária tem mais capacidade de reserva do que uma bateria automotiva, mas tem apenas uma parte da corrente de partida a frio de uma bateria automotiva. Entretanto, uma bateria estacionária pode suportar centenas de ciclos de descarga e recarga, enquanto uma bateria automotiva não foi projetada para ser totalmente descarregada e pode danificar-se se isso acontecer.

A bateria estacionária é projetada para trabalhar imóvel (por isso recebe a denominação estacionária) em sistemas de alimentação de emergência, sistemas fotovoltaicos terrestres e outras aplicações que não exigem movimento. Isso não significa que as baterias estacionárias não possam ser usadas em aplicações em que ocorre movimento.

A bateria automotiva, por outro lado, necessita do movimento que ocorre naturalmente durante o funcionamento do automóvel para homogeneizar a solução ácida de seu interior, otimizando assim o processo químico de carga e descarga. A bateria estacionária não precisa disso e é tecnicamente melhor do que a bateria automotiva, podendo trabalhar em qualquer tipo de aplicação, seja móvel ou fixa.

Bateria de chumbo ácido com eletrólito em gel

A bateria de chumbo ácido em gel é uma versão melhorada da bateria de chumbo ácido com eletrólito líquido. Suas principais vantagens são a maior vida útil, com um maior número de ciclos de carga e descarga e a possibilidade de ser usada em locais pouco ventilados, pois não libera gases durante seu funcionamento normal.

Figura 4.17 – Aspecto de uma bateria VRLA de chumbo ácido com gel.

A bateria de gel é equipada com uma válvula de segurança que permite a liberação de gases na ocorrência de sobrecargas. A presença dessa válvula faz com que a bateria de gel seja conhecida pela sigla VRLA (*Valve Regulated Lead Acid*).

Esse tipo de bateria requer um controlador de carga adequado às suas características, pois é altamente sensível a sobrecargas. A tensão de corte da carga deve ser rigorosamente mantida para que não ocorra a liberação de gases por sobretensão. Devido à selagem da bateria não é possível verificar o seu nível da carga através da medição da concentração do ácido (densidade do eletrólito). O único modo de obter uma informação aproximada sobre o estado da carga é através da tensão nos terminais da bateria.

Baterias de NiCd e NiMH

As baterias de NiCd (níquel-cádmio) e NiMH (níquel-metal-hidreto) são mais caras do que as baterias de chumbo ácido líquidas ou de gel. Têm como principais características um baixo coeficiente de autodescarga, suportam elevadas variações de temperatura e permitem descargas mais profundas, cerca de 90%. As baterias de níquel geralmente não são empregadas em sistemas fotovoltaicos devido ao seu alto custo, exceto em aplicações muito específicas que dispõem de pouco espaço para instalação e requerem alta confiabilidade e pouca manutenção. As baterias de níquel possuem uma densidade de carga maior, o que significa que são menores do que as baterias de chumbo de mesma capacidade.

Bateria AGM

A bateria AGM (*Absorbed Glass Mat*) é um tipo avançado de bateria VRLA. Suas características são parecidas com as das baterias ácidas VRLA de gel e sua maior vantagem é permitir ciclos de descarga mais profundos do que as convencionais. É uma bateria de alto custo e pouco encontrada no mercado, em comparação com as de chumbo ácido.

Figura 4.18 – Bateria AGM de ciclo profundo.

4.3.3 Baterias de ciclo profundo

As baterias de ciclo profundo são projetadas para suportar um número maior de ciclos de carga e descarga, além de poderem descarregar-se mais do que as convencionais.

As baterias de chumbo ácido estacionárias são consideradas de ciclo profundo. Enquanto as baterias automotivas não podem sofrer mais do que 20% de descarga, as estacionárias de ciclo profundo podem descarregar-se até 50% ou 80% sem perder sua capacidade de recarga.

Deve-se consultar o catálogo do fabricante para conhecer a profundidade da descarga aceita pela bateria. Algumas estacionárias não devem ser descarregadas mais do que 50%, enquanto outras, especialmente as baterias estacionárias industriais, que são mais caras e robustas, foram desenvolvidas para permitir profundidades de até 80%.

Os termos "estacionária" e "ciclo profundo" normalmente se confundem quando nos referimos às baterias de chumbo ácido que possuem essas características. Embora essas denominações tenham significados diferentes, uma bateria estacionária de chumbo ácido quase sempre é também uma bateria que aceita descargas profundas, recebendo a classificação de bateria de ciclo profundo.

Existem baterias desenvolvidas para permitir descargas ainda mais profundas do que as de chumbo ácido estacionárias de eletrólito líquido. Esse é o caso das baterias de NiCD, NiMH e VRLA, que podem descarregar-se até 90% sem ter sua vida útil reduzida e ainda suportam um número maior de ciclos do que as baterias de eletrólito líquido.

4.3.4 Vida útil da bateria

A vida útil de uma bateria é determinada pelo número de ciclos de carga e descarga que ela pode realizar. O número máximo de ciclos depende da profundidade da descarga realizada, que corresponde à porcentagem da carga máxima da bateria no final da descarga, ao final de um período de utilização ou um ciclo completo de carga e descarga.

Em cada ciclo de carga e descarga de uma bateria o material das placas metálicas é transferido para os seus terminais. Uma vez que esse material se separa do eletrodo, não pode ser utilizado novamente e a bateria vai se desgastando conforme é utilizada.

A vida útil de uma bateria também é permanentemente reduzida pelo seu envelhecimento, que está diretamente relacionado com a temperatura de operação ou de armazenamento.

Nas baterias de chumbo ácido o fim da vida é atingido quando a bateria, estando totalmente carregada, pode armazenar apenas 80% da sua capacidade nominal especificada pelo fabricante. Essa perda permanente de 20% de capacidade de carga está relacionada com o número de ciclos já realizados e com a idade da bateria.

Procedimentos que contribuem para o aumento da vida útil da bateria são a manutenção do estado de carga em baterias de chumbo ácido através do procedimento da flutuação (manutenção da carga quando não está em uso), a operação em ambientes de temperatura controlada e o uso de controlador de carga para evitar sobrecargas e descargas muito profundas.

O Gráfico 4.1 mostra uma curva típica do tempo de vida de uma bateria estacionária de chumbo ácido em função da temperatura à qual ela é submetida. Conforme a temperatura aumenta o tempo de vida da bateria é reduzido drasticamente. O gráfico mostra que até a temperatura de 40 °C a bateria tem sua vida normal de 100%. Acima de 40 °C a vida útil começa a diminuir. Por exemplo, operando em 60 °C a bateria vai durar apenas 80% do tempo máximo possível para uma determinada profundidade de descarga, de acordo com o gráfico. A mesma bateria, com a mesma profundidade de descarga, teria uma vida 20% mais longa se estivesse operando na temperatura de 30 °C.

A vida útil de uma bateria estacionária de chumbo ácido com eletrólito líquido também está relacionada à profundidade de descarga da seguinte forma:

- **2500 ciclos:** descarga de 10%
- **1500 ciclos:** descarga de 20%
- **500 ciclos:** descarga de 50%

A profundidade de descarga representa a porcentagem da carga que é retirada da bateria ao longo de um ciclo de uso. Por exemplo, uma bateria que é carregada durante o dia e utilizada à noite até perder metade da sua carga, para depois ser recarregada no dia seguinte, tem uma profundidade de descarga diária de 50%.

Sistemas Fotovoltaicos Autônomos

Gráfico 4.1 – Vida útil de uma bateria de
chumbo ácido em função da temperatura de utilização

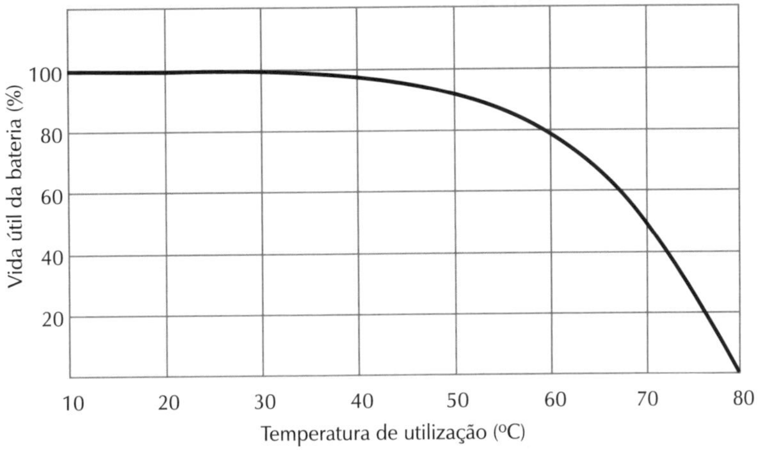

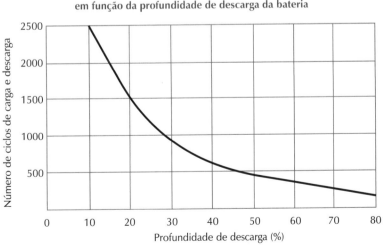

O Gráfico 4.2 mostra a relação entre a vida útil de uma bateria, expressa em número de ciclos de carga e descarga, e a profundidade de descarga. O gráfico mostra que se a bateria for descarregada moderadamente ela terá uma vida útil maior, podendo ser carregada e descarregada muitas vezes. Se a bateria for descarregada até próximo de esgotar sua carga, com profundidade de descarga acima de 80%, o número de ciclos possíveis será reduzido drasticamente e o tempo de vida da bateria será muito pequeno.

De acordo com a maneira como o sistema fotovoltaico é dimensionado uma bateria pode durar mais ou menos tempo. Profundidades de descarga maiores reduzem o tempo de vida da bateria. Uma bateria que se descarrega pouco pode durar muitos anos e uma que se descarrega muito vai durar menos.

Gráfico 4.2 – Número de ciclos de carga e descarga possíveis
em função da profundidade de descarga da bateria

4.3.5 Características das baterias estacionárias de chumbo ácido

Os fabricantes de baterias geralmente fornecem as informações mostradas na Tabela 4.1 a seguir.

A capacidade de carga da bateria, expressa na unidade de ampère-hora (Ah), depende do tempo de carga. Uma carga rápida faz com que a capacidade seja ligeiramente reduzida, enquanto uma carga lenta permite utilizar toda a capacidade de carga nominal da bateria. Na Tabela 4.1 é exemplificada uma bateria com capacidade nominal de 240 Ah. Para uma carga de 100 horas, ou seja, uma carga lenta, a bateria consegue armazenar 240 Ah (ampères-hora). Para uma carga rápida de dez horas a bateria armazena apenas 200 Ah.

Tabela 4.1 – Principais características de uma bateria estacionária de chumbo ácido

Capacidade de carga	
Tempo de carga	Capacidade em 25 ºC
10 horas	200 Ah
20 horas	220 Ah
100 horas	240 Ah
Tensão de flutuação	
13,2 V a 13,8 V (em 25 ºC)	
Tensão de carga	
14,4 V a 15,5 V (em 25 ºC)	
Coeficiente de compensação de temperatura	
–0,033 V/ºC	

A Tabela 4.1 mostra a faixa de valores de tensão que a bateria deve apresentar quando se encontra no estado de flutuação. Esse estado corresponde à situação em que a bateria se encontra carregada e deve ser mantida nessa faixa de tensão para que sua durabilidade seja aumentada. A flutuação é um estágio de manutenção de carga proporcionado pelo controlador de carga, um dispositivo indispensável no sistema fotovoltaico autônomo.

A faixa de tensão de carga da bateria mostrada na Tabela 4.1 corresponde aos valores de tensão apresentados pela bateria quando sua carga atinge o nível máximo após o início do processo de carga. A presença desses valores de tensão nos terminais da bateria indica que seu nível de carga é elevado.

Finalmente, o coeficiente de compensação de temperatura da Tabela 4.1 mostra como as suas tensões variam em função da temperatura. O sinal negativo no coeficiente indica que para cada grau Celsius de aumento de temperatura existe uma redução de 0,033 V. Analogamente, as tensões aumentam 0,033 V para cada diminuição gradual de temperatura.

4.4 Controlador de carga

Os sistemas fotovoltaicos com baterias devem obrigatoriamente empregar um controlador ou regulador de carga. O controlador de carga é o dispositivo que faz a correta conexão entre o painel fotovoltaico e a bateria, evitando que a bateria seja sobrecarregada ou descarregada excessivamente.

Alguns controladores realizam o carregamento da bateria respeitando seu perfil de carga, o que tende a aumentar sua vida útil e maximizar a utilização. Controladores mais sofisticados ainda possuem o recurso de rastreamento do ponto de máxima potência do módulo ou do conjunto de módulos fotovoltaicos, possibilitando aumentar a eficiência do sistema fotovoltaico.

A Figura 4.19 mostra um controlador de carga empregado em sistema fotovoltaico com bateria. Na parte inferior observam-se os terminais elétricos aos quais são conectados o módulo fotovoltaico, a bateria e o inversor ou outros equipamentos alimentados pelo sistema fotovoltaico. A seguir vamos compreender o funcionamento do controlador de carga, suas funções e seu modo de utilização.

Figura 4.19 – Controlador de carga para sistema fotovoltaico.

4.4.1 Funções do controlador de carga

Proteção de sobrecarga

Uma função importante do controlador de carga é impedir que a bateria seja sobrecarregada. Nas baterias de chumbo ácido estacionárias verifica-se a situação de carga completa quando a bateria atinge tensão entre 14,4 V e 15,5 V. O controlador de carga é responsável por monitorar o valor da tensão nos terminais da bateria e impedir que continue sendo carregada quando a tensão de carga é atingida. Para evitar a sobrecarga, o controlador de carga desconecta o painel solar do sistema quando a bateria atinge seu nível máximo.

Proteção de descarga excessiva

A proteção de descarga excessiva, também chamada de função de desconexão com baixa tensão, é o recurso do controlador de carga que faz com que o consumo de energia do sistema fotovoltaico seja interrompido quando a bateria atinge um nível crítico de carga. Esse nível tipicamente ocorre quando a tensão da bateria está próxima de 10,5 V na bateria de chumbo ácido estacionária. Se a bateria continuar sendo descarregada abaixo dessa tensão, sua vida útil pode ser severamente comprometida.

Gerenciamento da carga da bateria

Alguns controladores de carga têm a capacidade de gerenciar o carregamento da bateria para respeitar seu perfil natural de carga. Esse recurso é oferecido apenas pelos controladores de carga mais sofisticados, que possuem algoritmos de carga com múltiplos estágios.

As baterias de chumbo ácido estacionárias possuem um perfil de carga que, sempre que possível, deve ser respeitado para otimizar o carregamento e a durabilidade da bateria. Existem algoritmos de múltiplos estágios para realizar o carregamento de uma bateria. Esses algoritmos podem variar de um tipo de bateria para outro.

O Gráfico 4.3 mostra o perfil de carga de uma bateria estacionária de chumbo ácido com três estágios, que são descritos a seguir:

Estágio de carregamento pesado

Nesse primeiro estágio a corrente é levada ao seu valor máximo, dentro do limite de corrente suportado pelo controlador de carga. A tensão da bateria inicialmente é baixa, considerando que se encontra completamente descarregada, e vai aumentando conforme a carga é realizada. Nesse estágio pesado tenta-se carregar a bateria da maneira mais rápida possível, retirando toda a energia que o módulo ou conjunto de módulos é capaz de entregar.

Estágio de absorção

Quando a tensão da bateria atinge um determinado nível, em torno de 14,4 V a 15,5 V, a bateria deve entrar no estágio de absorção. Nesse momento a bateria já está praticamente carregada, mas é possível ainda realizar um carregamento lento para que sua carga chegue a 100% de sua capacidade. Durante esse estágio a tensão da bateria é mantida constante, tipicamente em 15,5 V, pelo controlador de carga, e a corrente da bateria vai diminuindo lentamente, até chegar a um valor bem pequeno.

Estágio de flutuação

Ao final do estágio de absorção a corrente da bateria atinge uma intensidade de valor bem pequeno, indicando que ela está completamente carregada. O controlador de carga detecta essa condição e passa automaticamente para o estágio de flutuação. Nesse estágio o controlador apenas mantém a bateria carregada, controlando sua tensão na faixa compreendida entre 13,2 V e 13,8 V. O valor da tensão de flutuação deve ser bem regulado de acordo com as especificações do fabricante da bateria e conforme a temperatura. O controlador de carga deve ser capaz de medir a temperatura do ambiente e corrigir o valor da tensão de flutuação de acordo com o coeficiente térmico da bateria.

Nem todos os controladores de carga conseguem realizar os três estágios. Na prática, na maior parte dos sistemas fotovoltaicos, são empregados controladores simples que fazem somente a conexão ou desconexão da fonte de energia (módulo ou conjunto de módulos fotovoltaicos) e da carga consumidora para evitar a sobrecarga ou o descarregamento excessivo da bateria.

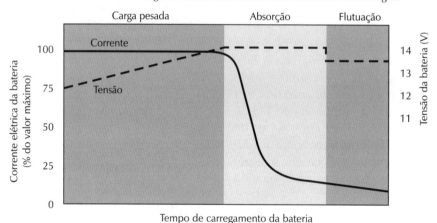

Gráfico 4.3 – Perfil de carga de uma bateria de chumbo ácido com três estágios

4.4.2 Modo de utilização do controlador de carga

Sem a presença do controlador de carga as baterias danificam-se e têm seu tempo de vida muito reduzido. Nos sistemas fotovoltaicos com baterias é essencial a presença de um controlador de carga conectado entre a bateria e o painel fotovoltaico. Os controladores de carga comerciais possuem três conjuntos de terminais, como ilustra a Figura 4.20.

Todos os componentes do sistema devem ser conectados ao controlador. O módulo ou conjunto de módulos fotovoltaicos é conectado aos terminais localizados à esquerda, respeitando-se as polaridades positiva e negativa. O módulo fotovoltaico nunca deve ser conectado diretamente à bateria. A conexão do módulo com a bateria é feita pelo circuito interno do controlador de carga.

No controlador exemplificado na Figura 4.20 a bateria é conectada aos terminais centrais. Também nesse caso deve-se respeitar a polaridade dos terminais da bateria e do controlador de carga. A conexão com a polaridade invertida pode danificar os componentes do sistema fotovoltaico.

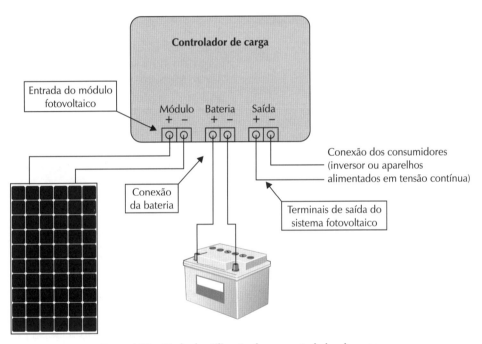

Figura 4.20 – Modo de utilização de um controlador de carga.

A bateria, conjuntamente com o módulo fotovoltaico, fornece tensão e corrente para a alimentação de um inversor ou de aparelhos que podem ser alimentados diretamente em tensão contínua. A conexão dos consumidores deve ser feita ao controlador, pois assim o controlador mantém o rígido controle sobre a bateria, podendo desconectar os consumidores quando o nível da carga da bateria é crítico. Se os consumidores forem alimentados diretamente nos terminais da bateria, sem passar pelo controlador, perde-se esse recurso de proteção.

Os controladores de carga são encontrados no mercado com capacidades de corrente que variam entre 10 A e 60 A. Controladores com correntes muito elevadas, acima de 60 A, são incomuns.

Em alguns sistemas fotovoltaicos pode ser necessário obter correntes maiores em função do número de módulos fotovoltaicos empregados e da demanda de energia do sistema. Nesses casos é possível utilizar controladores de carga ligados em paralelo.

Para a ligação de controladores de carga em paralelo devem ser usados controladores idênticos. Os controladores devem ser paralelados na entrada, ou seja, eles podem estar todos ligados ao mesmo banco de baterias, mas as saídas devem ser independentes. Em uma instalação muito grande deve-se fazer a separação de cargas, ou seja, devem-se distribuir as cargas consumidoras por diversos controladores. Os controladores utilizam o mesmo banco de baterias, mas cada uma alimenta uma parte da instalação elétrica. Lembre-se: os controladores devem ser do mesmo fabricante e do mesmo modelo.

4.4.3 Principais tipos de controladores de carga

Convencionais

Os controladores de carga convencionais são os mais simples que existem e são encontrados na maior parte dos sistemas fotovoltaicos. São dispositivos de baixo custo que possuem basicamente duas funções: desconectar o módulo fotovoltaico quando a bateria está completamente carregada e desconectar o consumidor quando a bateria atinge um nível de carga muito baixo, impedindo assim a descarga excessiva. Para isso possuem duas chaves que são ligadas e desligadas de acordo com a necessidade. Por essa razão, são

conhecidos como controladores do tipo LIGA/DESLIGA.

Os controladores LIGA/DESLIGA podem ser construídos com dois tipos de circuitos diferentes, paralelo ou série, classificados de acordo com a localização da chave que faz a conexão do módulo fotovoltaico ao sistema, como veremos a seguir.

Controlador com chave série

A Figura 4.21 mostra de maneira simplificada como funciona um controlador de carga do tipo série. Dentro do controlador existem duas chaves eletrônicas, que podem ser um relé eletromecânico ou um transistor eletrônico. Os controladores atualmente fabricados empregam transistores eletrônicos, o que proporciona maior durabilidade e confiabilidade no funcionamento.

As chaves são abertas ou fechadas de acordo com o estado de carga da bateria. Um circuito de controle, que não é mostrado na figura, monitora a tensão da bateria e toma a decisão de abrir ou fechar as chaves.

Quando a bateria está no estágio de carga ou encontra-se operando na faixa de operação normal, ou seja, seu nível de carga está acima do crítico e abaixo do máximo, a Chave 1 permanece fechada, permitindo a passagem da corrente elétrica do módulo para a bateria. A corrente elétrica do painel é então compartilhada entre a bateria e o consumidor. Uma parte da corrente é consumida pelos aparelhos conectados à saída do sistema fotovoltaico e a parte restante é fornecida à bateria, fazendo com que permaneça sendo carregada durante o funcionamento do sistema.

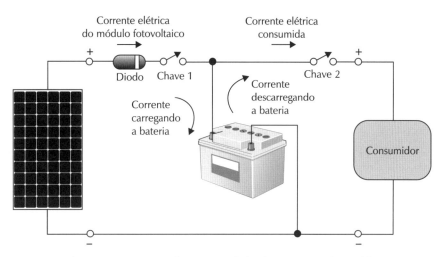

Figura 4.21 – Estrutura de um controlador de carga com chave série.

Quando a tensão máxima de carga da bateria é atingida, indicando que sua carga está completa, a Chave 1 é aberta para evitar a conexão entre o painel fotovoltaico e a bateria. Isso é necessário para evitar a sobrecarga da bateria.

Com a Chave 1 desligada o módulo fotovoltaico é impedido de fornecer energia e a bateria continua alimentando o consumidor. Conforme sua carga é consumida a tensão nos seus terminais diminui. O controlador monitora essa tensão e, de acordo com um critério estabelecido pelo fabricante, a Chave 1 é novamente fechada e a bateria volta a ser carregada.

Na prática o que se espera é que a Chave 1 permaneça fechada na maior parte do tempo, permitindo que a energia do módulo fotovoltaico seja fornecida ao consumidor e proporcionando o constante recarregamento da bateria quando há excedente de energia. A Chave 1 será aberta somente no caso do carregamento pleno da bateria, pois nesse caso deve-se impedir a qualquer custo que a bateria continue recebendo corrente elétrica do módulo para evitar a sobrecarga.

A Chave 2 no circuito da Figura 4.21 serve para interromper o fornecimento de energia para o consumidor quando a tensão da bateria cai a um nível crítico. O valor da tensão depende da profundidade da descarga permitida. Na situação mais crítica, com descarga completa, a tensão da bateria cai a cerca de 10 V. A maioria dos controladores do tipo LIGA/DESLIGA usados com baterias estacionárias de chumbo ácido é programada para desligar nesse nível de tensão a fim de proteger a bateria.

Quando aberta, para preservar a integridade da bateria, a Chave 2 impede o fornecimento de energia para o consumidor e o sistema fotovoltaico fica indisponível até que o estado de carga da bateria seja parcial ou totalmente restabelecido. Após o restabelecimento da carga, verificado através da monitoração da tensão nos terminais da bateria, a Chave 2 é fechada e o sistema fotovoltaico autônomo volta a fornecer energia para o consumidor.

Controlador com chave paralela

O controlador com chave paralela tem o funcionamento muito semelhante ao do controlador apresentado anteriormente. A diferença entre os dois tipos de controladores é a posição da chave que faz a conexão ou a desconexão com o módulo fotovoltaico. Na Figura 4.22 observa-se a presença da Chave 1 posicionada em paralelo com o módulo fotovoltaico. Dessa forma, quando estiver fechada, a Chave 1 desvia toda a corrente elétrica do módulo e cessa o fornecimento de corrente elétrica para o restante do sistema, tanto para a bateria como para o consumidor. O objetivo da Chave 1 do controlador paralelo é o mesmo do controlador anterior: interromper o carregamento da bateria quando esta atinge o nível máximo de carga.

No controlador paralelo a corrente do sistema é interrompida com a Chave 1 fechada, mas continua circulando pelo módulo em curto-circuito se houver radiação solar. O curto-circuito não é prejudicial aos módulos fotovoltaicos, pois sua corrente máxima é limitada pela máxima corrente especificada pelo fabricante (corrente de curto-circuito) e pela intensidade da radiação solar presente.

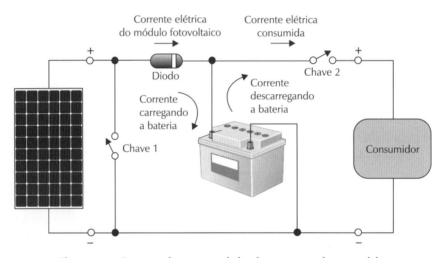

Figura 4.22 – Estrutura de um controlador de carga com chave paralela.

Controlador eletrônico com PWM

Os controladores de carga com PWM (*Pulse Width Modulation* - modulação de largura de pulso) são equipamentos mais sofisticados do que os convencionais apresentados anteriormente. No lugar de chaves ou relés que somente abrem ou fecham, existem transistores e circuitos eletrônicos que fazem o controle preciso das correntes de carga da bateria através da abertura e do fechamento das chaves.

Esses controladores possuem um microprocessador em seu circuito de controle e são capazes de realizar o carregamento da bateria através de um algoritmo que respeita o perfil de carga de três estágios apresentados no Gráfico 4.3, passando pelos estágios de carga pesada, absorção e flutuação.

Os controladores eletrônicos do tipo PWM têm a vantagem de maximizar o uso da bateria e prolongar sua vida útil. Além de oferecer esse recurso de carregamento otimizado, os controladores PWM executam as mesmas funções dos controladores convencionais, protegendo a bateria contra sobrecarga ou descarga excessiva através do fechamento ou abertura das chaves, de acordo com a tensão observada nos terminais da bateria.

Figura 4.23 – Controlador de carga eletrônico do tipo PWM.

Controlador eletrônico com PWM e MPPT

Os controladores com MPPT (*Maximum Power Point Tracking* - rastreamento do ponto de máxima potência) são os mais sofisticados e caros encontrados no mercado. Além de possuírem circuitos eletrônicos de chaveamento com PWM, que possibilitam otimizar o processo de carregamento da bateria, ainda possuem o recurso de MPPT, que faz o módulo fotovoltaico operar sempre em seu ponto de máxima potência, qualquer que seja a condição de radiação solar ou temperatura de trabalho do módulo.

A Figura 4.25 mostra a faixa de operação de um controlador sem MPPT e o ponto de operação de um controlador com MPPT. No caso do controlador sem MPPT existe uma conexão direta entre o módulo fotovoltaico e a bateria. Quando o módulo está conectado ao sistema, a tensão da bateria é imposta a ele. Dessa forma a operação do painel fotovoltaico varia na faixa de tensão de aproximadamente 10 V a 15 V, de acordo com a condição da bateria. Como sabemos, a potência fornecida pelo módulo depende do seu valor de tensão e respeita a sua curva característica $P - V$.

Existe somente um valor de tensão no qual a potência do módulo é máxima e idealmente deve-se fazer o sistema fotovoltaico operar nesse ponto. O controlador com MPPT permite isso, pois seu sofisticado circuito eletrônico de dois estágios consegue desacoplar o módulo fotovoltaico da bateria, permitindo a esses dois componentes operar em níveis de tensão diferentes, como mostra a Figura 4.24.

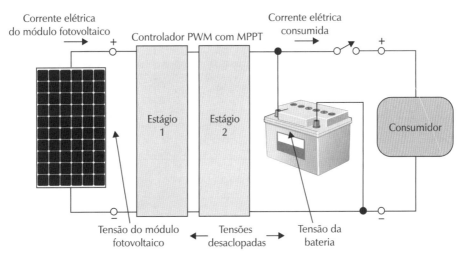

Figura 4.24 – Controlador de carga PWM com MPPT. A presença de dois estágios eletrônicos permite desacoplar as tensões do módulo e da bateria.

Com o uso do controlador com MPPT o módulo fotovoltaico pode operar com a tensão necessária para encontrar-se em seu ponto de máxima potência, independentemente do valor da tensão nos terminais da bateria.

Gráfico 4.4 – Operação do módulo fotovoltaico com e sem o recurso do MPPT

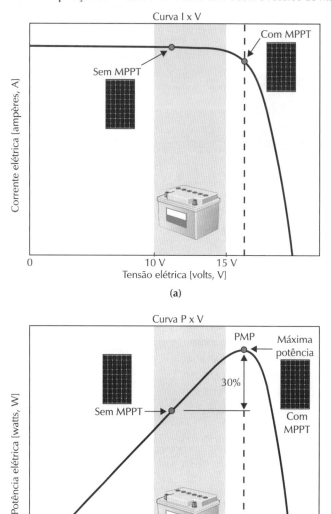

Os Gráficos 4.4a e 4.4b ilustram o funcionamento dos sistemas com e sem o recurso do MPPT. Enquanto no controlador convencional a tensão do módulo é imprevisível, podendo situar-se em toda a faixa de 10 V a 15 V em função do estado de carga da bateria, com MPPT o painel opera sempre no seu ponto de máxima potência (PMP).

Em geral os controladores com MPPT permitem um ganho de 30% em produção de energia. Embora sejam mais caros, acabam sendo mais vantajosos, pois o sistema fotovoltaico requer um número menor de módulos para produzir a energia necessária para o consumo e para o carregamento da bateria. Em geral a decisão de usar ou não um controlador com MPPT leva em conta o aspecto econômico e a praticidade. A redução do número de módulos torna a instalação mais simples e faz o sistema fotovoltaico ocupar menos espaço.

4.5 Inversor

O inversor, ilustrado na Figura 4.25, é um equipamento eletrônico que converte a eletricidade de tensão e corrente contínuas (CC) em tensão e corrente alternadas (CA). O inversor é necessário nos sistemas fotovoltaicos para alimentar consumidores em corrente alternada a partir da energia elétrica de corrente contínua produzida pelo painel fotovoltaico ou armazenada na bateria.

A maior parte dos aparelhos eletrodomésticos que conhecemos é construída para trabalhar com a rede elétrica de tensão alternada disponível em nossas residências (tensão de 127 V ou 220 V, por exemplo, e frequência de 60 Hz). Para alimentar esses aparelhos com um sistema fotovoltaico autônomo é necessária a presença de um inversor CC-CA.

Inversores eletrônicos para sistemas fotovoltaicos autônomos estão disponíveis no mercado em uma vasta gama de potências e tensões de entrada, tipicamente 12 V, 24 V ou 48 V. Pequenos sistemas fotovoltaicos, que possuem geralmente até oito módulos fotovoltaicos, podem trabalhar com o nível de tensão de 12 V. Sistemas fotovoltaicos de maior potência, que possuem um número maior de módulos, necessitam de níveis mais elevados de tensão para evitar que as correntes elétricas sejam muito grandes.

Figura 4.25 – Inversor eletrônico CC-CA.

O inversor adequado deve ser escolhido para cada tipo de sistema fotovoltaico em função de seu tamanho e dos demais componentes existentes. No final deste capítulo o leitor pode acompanhar um exemplo de dimensionamento de sistema fotovoltaico autônomo e compreender como deve ser feita a escolha do nível de tensão adequado.

4.5.1 Princípio de funcionamento

O princípio de funcionamento do inversor é baseado no circuito eletrônico mostrado na Figura 4.26. Quatro transistores, denominados T1, T2, T3 e T4, são abertos ou fechados para transferir a tensão e a corrente elétricas da fonte de tensão contínua para os terminais de saída do inversor. Os transistores são chaves eletrônicas que interrompem ou permitem a circulação da corrente elétrica de acordo com seu estado ligado ou desligado.

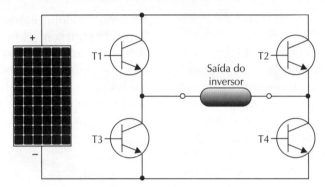

Figura 4.26 – Circuito eletrônico básico do inversor CC-CA.

A fonte de tensão contínua (módulo fotovoltaico) é conectada ao conjunto de chaves ou transistores. Quando os transistores de uma diagonal são ligados, a tensão de saída nos terminais do inversor é positiva, como mostra a Figura 4.27. Em seguida esses transistores são desligados e a outra diagonal entra em funcionamento, aplicando uma tensão de polaridade invertida aos terminais de saída.

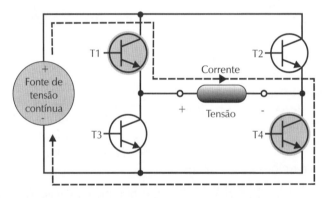

Transistores diagonais T1 e T4 ligados

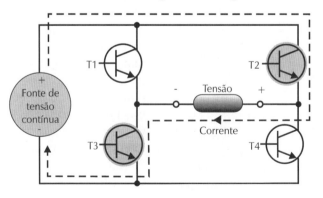

Transistores diagonais T2 e T3 ligados

Figura 4.27 – Funcionamento do inversor CC-CA.

Acionando alternadamente os transistores das diagonais com frequência fixa, obtém-se a onda quadrada de tensão alternada observada na Figura 4.28. Esse é o princípio de funcionamento do chamado inversor de onda quadrada. O resultado do processo de inversão é a produção de tensão e corrente alternadas a partir de uma fonte de corrente contínua.

Os inversores encontrados comercialmente são mais complexos do que o circuito mostrado na Figura 4.26. Um inversor comercial possui uma grande quantidade de componentes, incluindo transistores, indutores, capacitores e um microprocessador digital.

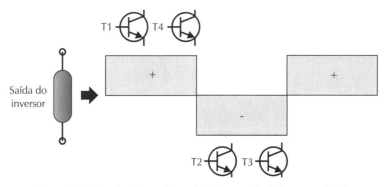

Figura 4.28 – Tensão alternada produzida na saída do inversor CC-CA.

4.5.2 Modo de conexão

A Figura 4.29 mostra como são feitas as ligações elétricas do inversor. Todo inversor possui uma entrada de corrente contínua (CC) e uma saída de corrente alternada (CA). Os terminais de entrada CC são conectados ao controlador de carga e recebem níveis de tensão de 12 V, 24 V ou 48 V, conforme o tipo do inversor. Os terminais de saída fornecem tensão alternada de valor compatível com a rede elétrica. Inversores usados no Brasil devem fornecer tensão alternada na frequência de 60 Hz, com valores eficazes próximos de 110 V ou 220 V.

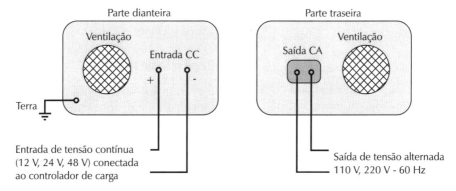

Figura 4.29 – Conexões elétricas do inversor CC-CA.

Na Figura 4.29 observa-se a presença de um terminal de terra na parte dianteira do inversor. Esse terminal deve ser conectado ao sistema de aterramento da instalação elétrica. A conexão à terra é obrigatória para evitar choques elétricos na carcaça do inversor, como pode acontecer com qualquer outro aparelho elétrico ou eletrônico.

4.5.3 Características principais dos inversores

Um inversor CC-CA para sistema fotovoltaico autônomo possui geralmente as especificações e características mostradas a seguir.

Potência nominal

É a potência que o inversor pode fornecer em operação normal. A potência do inversor deve ser escolhida de acordo com as potências dos equipamentos elétricos que serão alimentados por ele.

Potência máxima

É a potência que o inversor pode fornecer em situações de sobrecarga durante um curto intervalo de tempo. Alguns inversores têm a capacidade de fornecer, durante alguns segundos, uma potência superior à sua potência nominal.

Essa capacidade de potência extra é útil para alimentar equipamentos que utilizam motores, como refrigeradores e bombas de água. Motores exigem correntes elétricas elevadas durante sua partida e isso ocasiona esforço extra ao inversor, que deve estar preparado para suprir a corrente demandada.

Tensão de entrada CC

É a tensão nominal de entrada do inversor. Exemplos de tensões são 12 V, 24 V e 48 V. Esses valores são padronizados na indústria. São os mesmos valores com os quais são especificados os controladores de carga e as baterias.

Tensão de saída CA

É a tensão que o inversor fornece na saída em corrente alternada. Inversores podem ser projetados para fornecer uma tensão de saída de valor fixo ou ajustável com uma chave seletora.

Os valores das tensões de saída dos inversores comercialmente disponíveis são compatíveis com os níveis de tensão de 110 V e 220 V das redes elétricas de distribuição.

A tensão de saída do inversor deve ser escolhida de acordo com a aplicação e é uma decisão do projetista do sistema fotovoltaico.

Frequência de saída

É a frequência da tensão de saída em corrente alternada fornecida pelo inversor. No Brasil os inversores devem fornecer tensão alternada na frequência de 60 Hz, pois essa é a frequência do sistema elétrico nacional. Em alguns países são comercializados inversores de 50 Hz.

Regulação de tensão

É a variação relativa (em porcentagem) da tensão de saída do inversor quando um consumidor está ligado à sua saída de tensão alternada.

Quando o inversor encontra-se em vazio, ou seja, não fornece nenhuma potência na saída, sua tensão é máxima. Por outro lado, quando o inversor fornece potência, sua tensão tende a diminuir.

Um bom inversor consegue manter aproximadamente constante sua tensão de saída independentemente do uso que é feito dele, indicando que possui uma boa regulação de tensão. A regulação de tensão é um índice de qualidade do inversor que pode variar geralmente de 0% a 10%.

Eficiência

É a relação entre a potência de saída e a potência de entrada do inversor. Uma alta eficiência (o mais próximo possível de 100%) é desejável em todos os equipamentos eletrônicos.

Bons inversores possuem eficiência acima de 90%. Esse número é normalmente fornecido pelo fabricante e serve como índice de qualidade do equipamento.

Forma de onda de saída

É o tipo de tensão alternada que o inversor produz. Inversores de três tipos são encontrados no mercado: de onda senoidal pura, onda senoidal modificada e de onda quadrada.

O inversor de onda senoidal pura é o que reproduz com perfeição a tensão alternada da rede elétrica. Esse tipo de inversor é o mais recomendado.

Os inversores de onda modificada e onda quadrada apresentam tensões que produzem interferências eletromagnéticas e não são adequados para a alimentação de aparelhos ou equipamentos sensíveis.

Distorção harmônica

É um parâmetro que mede a pureza da tensão alternada fornecida pelo inversor.

Distorção de 0% (condição ideal) significa que a tensão de saída é uma onda senoidal pura. Distorção elevada indica que a qualidade da tensão, e consequentemente da energia, produzida pelo inversor não é boa.

Um inversor de onda quadrada apresenta uma distorção de saída elevada e não é recomendado para a alimentação de alguns tipos de equipamentos que podem falhar com a presença de interferências eletromagnéticas.

O índice de distorção harmônica deve ser fornecido pelo fabricante na folha de especificações do inversor.

Proteção de curto-circuito

Se o inversor tiver essa proteção, significa que seus terminais de saída podem ser colocados em curto-circuito sem causar danos ao equipamento. Todos os inversores devem ser equipados com um fusível de proteção de curto-circuito, porém alguns equipamentos mais sofisticados possuem uma proteção eletrônica que impede a queima do fusível. Assim, quando colocado em curto-circuito, o inversor limita automaticamente sua corrente de saída. Quando cessa o curto-circuito, o inversor volta ao seu funcionamento normal.

Proteção de reversão de polaridade

A conexão elétrica aos terminais CC de entrada do inversor deve respeitar as polaridades positiva e negativa da tensão. A ligação com a polaridade invertida vai danificar a maior parte dos equipamentos. Alguns inversores possuem proteção contra reversão de polaridade, o que evita a queima do aparelho em caso de troca inadvertida de polaridade.

4.5.4 Tipos de inversores

Inversores de onda quadrada e de onda senoidal modificada

Inversores de onda senoidal modificada são aparelhos que produzem tensões de saída com o formato de ondas semiquadradas. As ondas semiquadradas possuem menos distorção harmônica do que as ondas totalmente quadradas, porém ambas são muito distorcidas quando comparadas com uma onda senoidal pura. A Figura 4.30 ilustra as ondas quadrada e semiquadrada (senoidal modificada).

Os inversores de onda quadrada e de onda senoidal modificada são equipamentos de baixo custo destinados à alimentação de eletrodomésticos, lâmpadas e aparelhos eletrônicos que não são sensíveis à distorção de tensão e operam normalmente. Aplicações mais críticas, que exigem alta confiabilidade e qualidade, como equipamentos médicos, sistemas de telecomunicações e equipamentos de alto custo, preferencialmente devem ser alimentados por inversores de onda senoidal pura.

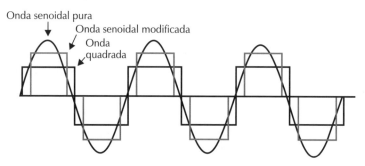

Figura 4.30 – Ondas senoidal pura, modificada e quadrada.

Inversor PWM de onda senoidal pura

Os inversores de onda senoidal pura são aparelhos que produzem tensões com o formato de ondas senoidais quase perfeitas, com baixíssima distorção harmônica. São equipamentos ideais para alimentar todos os tipos de consumidores com elevada confiabilidade e excelente qualidade de energia.

O inversor de onda senoidal pura funciona pelo princípio da modulação de largura de pulsos (PWM, *Pulse Width Modulation*). Em vez de produzir simplesmente uma onda quadrada ou uma onda quadrada modificada, como aquelas mostradas na Figura 4.30, o inversor PWM produz uma sequência de pequenas ondas quadradas de alta frequência, como ilustra a Figura 4.31.

O padrão de pulsos de PWM na saída do inversor possui um conteúdo senoidal fundamental (na frequência de 60 Hz) adicionado a um conteúdo harmônico de alta frequência. A introdução de um filtro elétrico de alta frequência na saída do inversor, como mostra a Figura 4.31, possibilita a obtenção de uma tensão de onda senoidal pura e com baixa distorção harmônica.

Os inversores de onda senoidal pura são mais sofisticados do que seus equivalentes de onda quadrada ou senoidal modificada. Naturalmente, seu custo também é mais elevado.

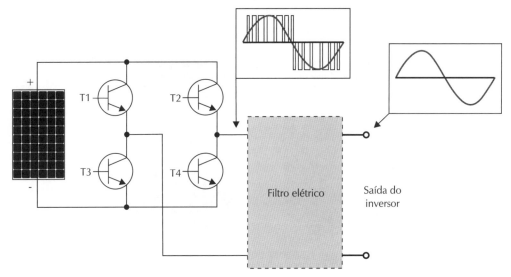

Figura 4.31 – Funcionamento do inversor PWM de onda senoidal pura.

Figura 4.32 – Inversores de onda senoidal pura para sistemas fotovoltaicos autônomos.

Inversores interativos com a rede

Alguns inversores incorporam funções adicionais de controlador de carga e trabalham de forma interativa com a rede. São inversores empregados em sistemas de alimentação de emergência para aplicações não autônomas, como uma residência que já possui rede elétrica mas deseja ter garantia de disponibilidade de eletricidade em caso de queda de energia elétrica, ou sistemas híbridos que empregam várias fontes de energia além da solar fotovoltaica.

A Figura 4.33 ilustra inversores da linha Extender/Studer, que têm a capacidade de interagir com a rede. As Figuras 4.34 e 4.35 mostram os modos de funcionamento do inversor. Quando a rede elétrica ou outra fonte está presente, o inversor comporta-se como um controlador de carga e realiza o carregamento da bateria. Em caso de falha da rede ou ausência de outra fonte, o inversor alimenta os consumidores, operando no modo de inversão e fornecendo tensão de alimentação com forma de onda senoidal pura nos seus terminais de saída. Com esse tipo de inversor o módulo fotovoltaico pode ser agregado ao sistema através de um controlador de carga externo, como é mostrado nas figuras seguintes.

Figura 4.33 – Inversores de onda senoidal pura com recurso de operação interativa com a rede.

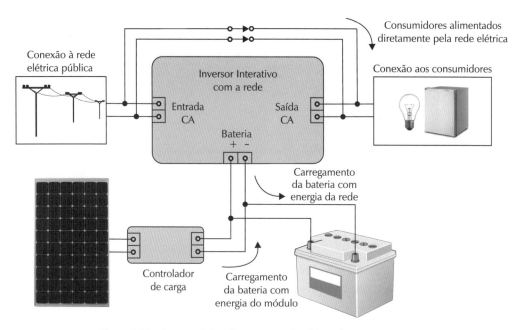

Figura 4.34 – Inversor interativo com a rede efetuando o carregamento da bateria na presença de conexão com a rede elétrica.

Sistemas Fotovoltaicos Autônomos

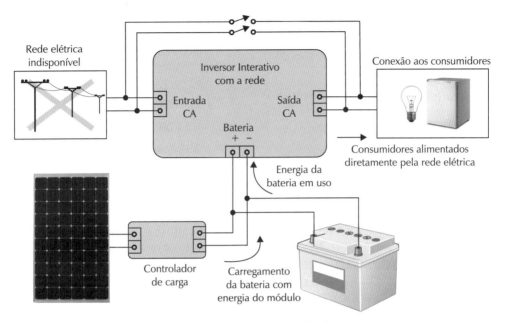

Figura 4.35 – Inversor interativo com a rede alimentando os consumidores com a energia da bateria na ausência da rede elétrica.

4.6 Módulos fotovoltaicos para sistemas autônomos

Grande parte dos sistemas fotovoltaicos autônomos opera na tensão de 12 V. Inversores, baterias e controladores de carga para 12 V são os mais encontrados no mercado. Existem módulos fabricados especialmente para serem compatíveis com esses sistemas autônomos.

Os módulos fotovoltaicos encontrados no mercado dividem-se em duas categorias de acordo com sua faixa de potência: módulos de 36 células, com potências de pico entre 130 W e 140 W, e módulos de 60 células, com potências entre 240 W e 250 W.

Os módulos de 36 células, como os ilustrados na Figura 4.36, são indicados para os sistemas fotovoltaicos autônomos, pois sua tensão de saída é reduzida e são apropriados para sistemas fotovoltaicos de baixa tensão. Módulos de 60 células, por outro lado, são impróprios para aplicações em 12 V e são direcionados para os sistemas fotovoltaicos conectados à rede elétrica, nos quais os níveis de tensão costumam ser mais elevados.

Figura 4.36 – Módulos de 36 células para aplicações autônomas.

As Tabelas 4.2 e 4.3 exemplificam algumas características de um módulo fotovoltaico de silício policristalino de 36 células, específico para aplicações autônomas.

Para compreender as diferenças entre as características dos módulos de 36 e 60 células, é preciso comparar as informações da tabela com as dos módulos monocristalinos de 60 células apresentados no Capítulo 3. Ao fazer a comparação, verifica-se que os valores de tensão especificados na folha de dados do módulo de 60 células são superiores aos dos módulos de 36 células em aproximadamente 10 V. Os níveis de corrente, todavia, são parecidos, pois o que muda de um tipo para o outro é o número de células ligadas em série.

Tabela 4.2 – Características em STC do módulo LD135R9W da LG

Potência máxima	135 W
Tensão de máxima potência	17,25 V
Corrente de máxima potência	7,9 A
Tensão de circuito aberto	21,8 V
Corrente de curto-circuito	8,41 A
Eficiência do módulo	13,7%

Tabela 4.3 – Características em NOCT do módulo LD135R9W da LG

Potência máxima	98,23 W
Tensão de máxima potência	15,54 V
Corrente de máxima potência	6,32 A
Tensão de circuito aberto	19,99 V
Corrente de curto-circuito	6,83 A

4.7 Organização dos sistemas fotovoltaicos autônomos

4.7.1 Sistemas para a alimentação de consumidores em corrente alternada

Um sistema fotovoltaico para a alimentação de consumidores em corrente alternada possui os seguintes componentes:

- Módulo ou conjunto de módulos fotovoltaicos;
- Controlador de carga;
- Bateria ou banco de baterias;
- Inversor CC-CA;
- Consumidores.

A organização de um sistema desse tipo, com módulos conectados em paralelo, é mostrada na Figura 4.37. O número de módulos empregados depende da necessidade de energia dos consumidores. O dimensionamento correto dos módulos de um sistema fotovoltaico será apresentado adiante.

A Figura 4.38 mostra o mesmo sistema com módulos conectados em série. O controlador de carga e o banco de baterias devem ser escolhidos de acordo com o nível de tensão empregado. Nesse sistema exemplificado podem ser usadas duas baterias de 12 V sem série ou uma bateria de 24 V.

Sistemas Fotovoltaicos Autônomos

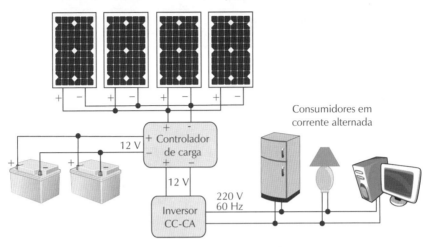

Figura 4.37 – Organização de um sistema fotovoltaico autônomo em
12 V para a alimentação de consumidores em corrente alternada.

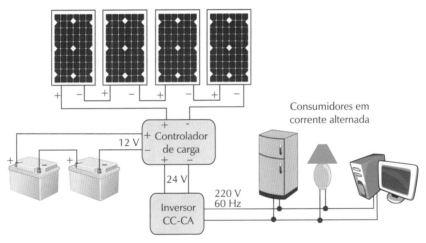

Figura 4.38 – Organização de um sistema fotovoltaico autônomo em
24 V para a alimentação de consumidores em corrente alternada.

4.7.2 Sistemas para a alimentação de consumidores em corrente contínua

Alguns consumidores são alimentados com tensão contínua de 12 V ou 24 V, como lâmpadas e eletrodomésticos portáteis, conforme ilustra a Figura 4.39. Nesse caso a presença do inversor é dispensada e o sistema possui tipicamente os seguintes componentes:

- módulo ou conjunto de módulos fotovoltaicos;
- controlador de carga;
- bateria ou banco de baterias;
- cargas consumidoras.

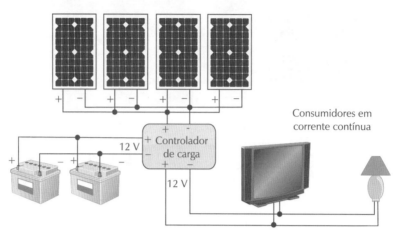

Figura 4.39 – Sistema fotovoltaico para alimentação de cargas em corrente contínua.

4.7.3 Sistemas sem baterias

Algumas aplicações podem dispensar a presença de baterias, podendo usar diretamente a energia produzida pelo módulo fotovoltaico. Esse é o caso de sistemas de bombeamento de água que empregam motores de corrente contínua e podem ser conectados diretamente ao módulo, como ilustra a Figura 4.40.

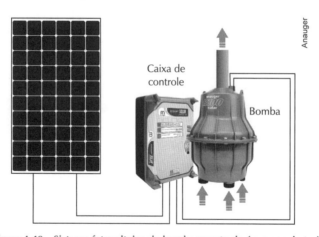

Figura 4.40 – Sistema fotovoltaico de bombeamento de água sem bateria.

Nesse caso não há necessidade de armazenamento com baterias, pois o próprio elemento a ser armazenado é a água. Assim, toda a energia elétrica produzida pelo painel fotovoltaico é diretamente fornecida à bomba e armazenada na forma de água no reservatório localizado no nível superior.

O sistema de bombeamento de água mostrado na Figura 4.40 consegue aproveitar toda a energia produzida pelo módulo fotovoltaico mesmo sem a presença de bateria, porém sofre com a intermitência da radiação solar. O sistema possui uma caixa de controle que faz a conexão entre o módulo e a bomba.

Esse tipo de sistema de bombeamento tem a vantagem do baixo custo e do aumento da confiabilidade do funcionamento, pois a ausência de baterias aumenta a vida útil do sistema e reduz a necessidade de manutenção. Essas bombas estão disponíveis comercialmente nas versões para poço (com captação de água na parte superior da bomba) e para reservatório (com captação na parte inferior). São bombas que trabalham submersas, inseridas diretamente no reservatório de água ou introduzidas em um poço de diâmetro estreito, como mostra a Figura 4.41.

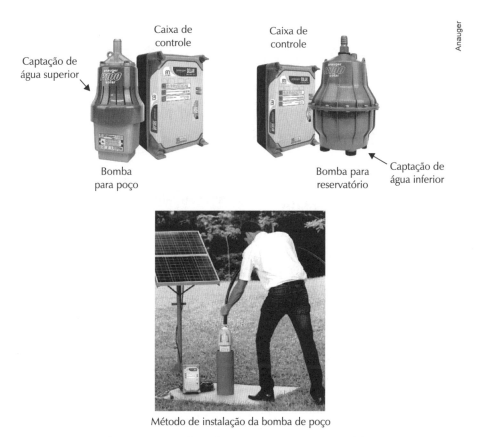

Figura 4.41 – Bombas submersas para poço e reservatório.

O Gráfico 4.5 mostra o desempenho das bombas submersas P100 e R100 da Anauger com diferentes modelos de módulos fotovoltaicos. A vazão de água bombeada diariamente depende da altura do bombeamento (coluna d'água) e da potência de pico do módulo fotovoltaico empregado. O gráfico reflete o desempenho das bombas para a insolação de 6000 Wh/m^2 diária.

Nos casos em que o bombeamento deve ser constante, ou seja, deve haver vazão de água constante no período de funcionamento da bomba, exige-se o uso de uma bateria e a bomba pode ser alimentada como um consumidor convencional nos sistemas mostrados nas Figuras 4.37, 4.38 e 4.39.

Gráfico 4.5 – Sistema fotovoltaico de bombeamento de água sem bateria. Gráfico da altura de bombeamento em função da vazão diária de água com módulos fotovoltaicos de 100 W, 130 W e 170 W

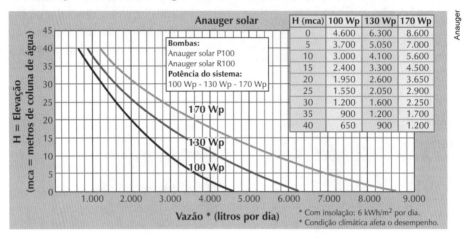

4.7.4 Sistemas fotovoltaicos autônomos de grande porte

É possível constituir sistemas fotovoltaicos relativamente grandes, até alguns quilowatts, com os esquemas apresentados anteriormente, baseados na estrutura convencional composta de controlador de carga, baterias e inversor.

Controladores de carga são encontrados no mercado com capacidades de corrente de até 60 A e tensão de 48 V, o que permite constituir sistemas de até aproximadamente 4 kW. Para aumentar a potência dos sistemas além desse limite, é necessário empregar bancos de baterias maiores, e para gerenciá-los é possível empregar controladores que permitem a operação em paralelo, de modo que vários controladores possam ser usados para proporcionar ao sistema a capacidade de gerenciar grandes correntes.

Sistemas autônomos de grande porte, de várias dezenas de quilowatts, para alimentar consumidores individuais com alta demanda de energia, conjuntos de residências ou comunidades inteiras, requerem o emprego de inversores que gerenciam grandes bancos de baterias e permitem o paralelismo.

Existem no mercado inversores que podem ser acrescentados em paralelo, permitindo constituir sistemas fotovoltaicos autônomos de alta potência. Muitos desses equipamentos são capazes também de operar em sincronismo para a constituição de redes elétricas trifásicas. Alguns exemplos de inversores dessa categoria são os produtos da linha Sunny Island/SMA mostrados na Figura 4.42.

Sistemas Fotovoltaicos Autônomos

Figura 4.42 – Inversores de onda senoidal pura para sistemas fotovoltaicos autônomos de alta potência da linha Sunny Island.

A Figura 4.43 mostra um sistema composto por um inversor autônomo que alimenta uma residência a partir de um banco de baterias em conjunto com um inversor para a conexão de módulos fotovoltaicos à rede elétrica (este último será tratado no Capítulo 4).

O inversor Sunny Island mostrado na figura é responsável pelo fornecimento de tensão de onda senoidal pura, constituindo uma rede elétrica autônoma para a residência. Módulos fotovoltaicos podem ser agregados em qualquer quantidade ao sistema através de inversores que se conectam a essa rede autônoma, no mesmo conceito dos sistemas conectados à rede abordados no Capítulo 4.

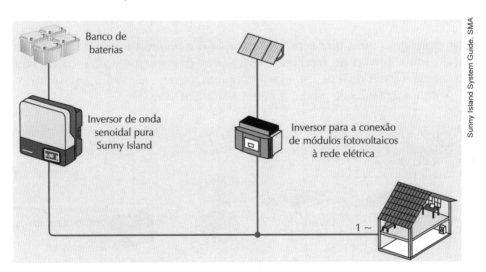

Figura 4.43 – Sistema de alimentação autônomo para residência.

A Figura 4.44 ilustra um sistema híbrido com duas fontes de energia. O sistema é alimentado por um gerador a diesel e por módulos fotovoltaicos. O banco de baterias é gerenciado pelo inversor autônomo Sunny Island, como no exemplo anterior.

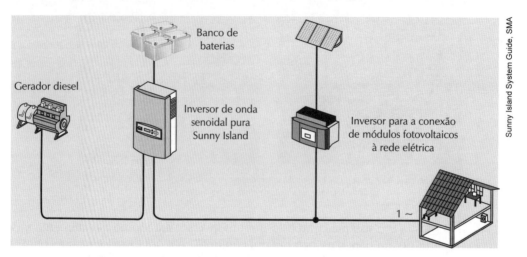

Figura 4.44 – Sistema de alimentação autônomo híbrido para residência.

A Figura 4.45 mostra o exemplo de um sistema híbrido autônomo, com módulos fotovoltaicos e gerador a diesel, em que dois inversores Sunny Island são conectados em paralelo para aumentar a potência do sistema. Sistemas como esse podem ser constituídos com um número maior de inversores operando em paralelismo, o que permite atender consumidores com alta demanda de energia, como residências de alto padrão, hotéis e comunidades inteiras.

Essa figura também indica que é possível agregar um controlador de carga ao sistema, conectando um conjunto de módulos fotovoltaicos diretamente ao banco de baterias, como no modelo tradicional de sistemas autônomos. Nesse exemplo usa-se um controlador que pertence à família de produtos Sunny Island/SMA.

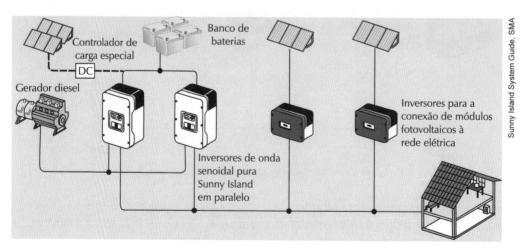

Figura 4.45 – Sistema de alimentação autônomo híbrido para residência com dois inversores Sunny Island em paralelo.

A Figura 4.46 apresenta o exemplo de um sistema híbrido autônomo, com inversores Sunny Island formando uma rede elétrica trifásica. Inversores ainda podem ser acrescentados em paralelo a esses três, constituindo uma rede trifásica de alta potência para a alimentação dos consumidores.

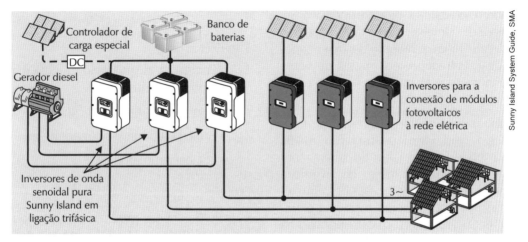

Figura 4.46 – Sistema de alimentação autônomo híbrido para residência com inversores Sunny Island em ligação trifásica.

4.8 Cálculo da energia produzida pelos módulos fotovoltaicos

No dimensionamento de sistemas fotovoltaicos é muito importante saber determinar quanta energia é produzida diariamente por um módulo fotovoltaico. A seguir são apresentados dois métodos muito simples que podem ser empregados no projeto de sistemas fotovoltaicos. Para realizar o cálculo é necessário conhecer as condições de insolação do local e as características do módulo utilizado.

4.8.1 Método da insolação

Esse método pode ser empregado no cálculo da energia produzida pelo módulo fotovoltaico quando se tem informação sobre a energia do Sol disponível diariamente no local da instalação. Como vimos no Capítulo 2, a informação sobre a energia solar diária é encontrada na forma da insolação, expressa em watt-hora por metro quadrado por dia (Wh/m^2/dia). O valor da insolação diária para uma região geográfica pode ser encontrado em mapas solarimétricos ou obtido através de uma ferramenta computacional como as mostradas no Apêndice, no final do livro, e no site www.guiasolar.com.br.

O método da insolação para o cálculo da energia produzida pelo módulo fotovoltaico é válido quando se considera o uso de controladores de carga com o recurso do MPPT. Ao considerar o valor da energia do Sol disponível diariamente como base para o cálculo, espera-se extrair o máximo possível dessa energia. Nesse caso a energia produzida é limitada apenas pela eficiência do módulo.

Os dados de insolação disponíveis nos mapas solarimétricos referem-se a uma média de insolação anual. Em outras palavras, o valor fornecido pelos mapas é a soma das insolações de cada dia do ano dividida pelo número de dias, ou seja, 365. Se, por exemplo, obtém-se no mapa o valor de 5000 Wh/m²/dia para uma certa localidade, isso significa que em média o Sol fornece diariamente a energia de 5000 Wh para cada metro quadrado de área daquele lugar. Entretanto, nos meses de verão esse número será maior, e nos meses de inverno a energia será bem menor.

O dimensionamento de um sistema fotovoltaico com base na insolação média anual pode levar a falha do sistema por falta de energia nos meses de inverno e excesso de energia nos meses de verão. O excesso de energia torna o sistema extremamente caro, mas tecnicamente não há nenhum problema nisso. A questão principal é como dimensionar o sistema correto para atender à demanda de energia elétrica em todos os dias do ano. Nesse caso deve-se utilizar para o cálculo o valor da insolação referente ao pior mês do ano para garantir o abastecimento de energia elétrica nos meses de menor insolação.

A taxa de insolação média diária por metro quadrado da maior parte das localidades brasileiras é de 5000 Wh/m²/dia. No Sul do País esse número cai para 4500 Wh/m²/dia e no Nordeste pode chegar a mais de 6000 Wh/m²/dia.

Levantamento das características do módulo

As características do módulo fotovoltaico necessárias para o cálculo da energia produzida com base na insolação são as suas dimensões físicas (para o cálculo da área) e a sua eficiência. A eficiência do módulo, se não for fornecida pelo fabricante, pode ser calculada pelo próprio leitor com base no valor de potência de pico (máxima poten-

cia nas condições STC, 1000 W/m² e 25 °C), como foi explicado no Capítulo 2.

A energia produzida pelo módulo fotovoltaico é calculada pela seguinte fórmula:

$$E_P = E_S \times A_M \times \eta_M$$

em que:

E_P = Energia produzida pelo módulo diariamente [Wh]

E_S = Insolação diária [Wh/m²/dia]

A_M = Área da superfície do módulo [m²]

η_M = Eficiência do módulo

Exemplo

Cálculo da energia produzida pelo módulo LD135R9W da LG. Esse módulo tem potência de pico de 135 W e foi desenvolvido especialmente para aplicações fotovoltaicas autônomas. Vamos considerar neste exemplo uma localidade que possui a insolação de 4500 Wh/m²/dia.

O primeiro passo para o cálculo é buscar as informações necessárias na folha de dados do fabricante. Essas informações são apresentadas na Tabela 4.4.

Tabela 4.4 – Características do módulo LD135R9W da LG

Altura	1,474 m
Largura	0,668 m
Área (Altura x Largura)	0,984 m²
Eficiência do módulo	13,7%

Em seguida, com base nas informações da tabela, basta aplicar a fórmula apresentada anteriormente para o cálculo da energia diária produzida:

$$E_P = 4500 \times (1,474 \times 0,668) \times 13,7\% = \\ = 607\ Wh$$

Esse cálculo leva em conta que o módulo vai ser instalado de modo a maximizar o aproveitamento da energia solar e será empregado com um controlador de carga que possui o recurso do MPPT. Nos locais situados abaixo da linha do equador, o módulo deve ter sua face voltada para o norte geográfico (se estiver acima da linha do equador, ou seja, no hemisfério norte, deve estar voltado para o sul geográfico) e a inclinação do módulo em relação à superfície horizontal deve ser determinada de acordo com a latitude geográfica, como foi explicado no Capítulo 2. O valor da inclinação correta para o módulo também pode ser obtido através de ferramentas computacionais, dentre as quais podemos citar a calculadora solar (disponível em: *www.guiasolar.com.br*).

4.8.2 Método da corrente máxima do módulo

Nesse método considera-se que não é possível ter o aproveitamento máximo da energia solar, pois o sistema fotovoltaico não está equipado com o recurso de MPPT (rastreamento do ponto de máxima potência do módulo).

O módulo fotovoltaico é então impossibilitado de operar em seu ponto de máxima potência e sua produção de eletricidade fica condicionada ao ponto de operação imposto pela tensão da bateria ou do banco de baterias do sistema, como foi mostrado no Gráfico 4.4.

O primeiro passo no cálculo da energia produzida pelo módulo através desse método é obter as características do módulo em sua folha de dados. Podem ser usadas as características em STC (condições padrão de teste do módulo) ou NOCT (condições normais de operação do módulo). As condições em NOCT são mais apropriadas para esse caso, pois refletem com mais proximidade as características reais de operação. O cálculo feito com as condições STC poderia resultar um valor de energia produzido muito grande, acima do valor que vai realmente ser obtido na prática.

O cálculo da energia produzida pelo módulo nesse método é feito pela seguinte fórmula:

$$E_P = P_M \times H_S$$

em que:

E_P = Energia produzida pelo módulo diariamente [Wh]

P_M = Potência do módulo [W]

H_S = Horas diárias de insolação [horas]

A potência do módulo é calculada por:

$$P_M = I_{SC} \times V_{BAT}$$

em que:

P_M = Potência do módulo [W]

I_{SC} = Corrente de curto-circuito do módulo [A]

V_{BAT} = Tensão da bateria ou do banco de baterias [V]

A quantidade de horas diárias de insolação de uma localidade é um número prático que pode variar ao longo do ano e é diferente para cada região geográfica. Valores que possibilitam bons resultados para o cálculo da energia nesse método estão entre quatro horas e seis horas.

O dimensionamento de um sistema fotovoltaico nessas condições, através desse método, é extremamente empírico, e os resultados produzidos podem requerer ajustes em função das condições reais de funcionamento do sistema, o que só pode ser feito na prática e após verificadas as condições verdadeiras de produção e consumo de energia.

Exemplo

Cálculo da energia produzida pelo módulo LD135R9W da LG com o método da corrente máxima do módulo. Vamos considerar neste exemplo uma localidade que apresenta cinco horas diárias de insolação e um sistema fotovoltaico autônomo com um banco de baterias de 12 V.

O primeiro passo para o cálculo é buscar as informações necessárias na folha de dados do módulo fotovotoltaico. Consultando a folha de dados do módulo LD135R9W fornecida pelo fabricante LG, encontram-se as características mostradas na Tabela 4.5.

Tabela 4.5 – Características em NOCT do módulo LD135R9W da LG

Potência máxima	98,23 W
Tensão de máxima potência	15,54 V
Corrente de máxima potência	6,32 A
Tensão de circuito aberto	19,99 V
Corrente de curto-circuito	6,83 A

A informação que interessa nessa tabela é o valor da corrente de curto-circuito do módulo na condição NOCT ($I_{SC,\ NOCT}$). Esse é aproximadamente o valor da corrente fornecida pelo módulo dentro da faixa de operação entre 10 V e 15 V, que é a faixa de tensão que a bateria pode apresentar nos seus terminais. Por estar conectado à bateria através de um controlador de carga simples, que não possui o recurso de MPPT, a tensão do módulo é a mesma da bateria.

O módulo fotovotaico LD135R9W, nas condições deste exemplo, ou seja, com sua corrente máxima e com bateria de 12 V, vai trabalhar no ponto de operação indicado no Gráfico 4.6.

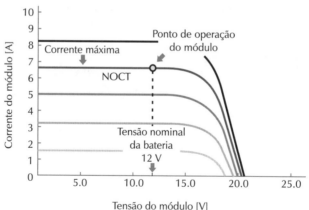

Gráfico 4.6 – Curvas características do módulo policristalino LD135R9W LG

A potência do módulo nesse caso será:

$$P_M = 6{,}83 \times 12 = 81{,}96\ W$$

E a energia produzida diariamente pelo módulo será:

$$E_P = 81{,}96 \times 5 = 410\ Wh$$

> **Observação**
>
> Em geral um sistema com MPPT produz 30% mais energia do que um sistema sem o recurso de MPPT. O leitor pode observar que o valor de 410 Wh obtido neste exemplo é cerca de 30% menor do que o valor de 607 Wh obtido no exemplo anterior.

4.9 Dimensionamento do banco de baterias

O dimensionamento do banco de baterias do sistema fotovoltaico consiste em determinar os tipos, a quantidade e a forma de organização das baterias utilizadas.

O dimensionamento começa a partir do valor da energia que precisa ser armazenada, que depende da energia demandada pelos consumidores (energia consumida) e da profundidade de descarga permitida nas baterias. A energia consumida deve ser conhecida para cada sistema fotovoltaico específico. Na próxima seção o leitor aprenderá a fazer o dimensionamento de um sistema fotovoltaico e a determinar a energia que precisa estar disponível no sistema fotovoltaico para atender à demanda do consumidor.

Além da energia armazenada, expressa em watt-hora (Wh), é necessário conhecer a tensão de operação do banco de baterias, que pode ser em 12 V, 24 V ou 48 V, de acordo com o tipo de sistema fotovoltaico desejado.

As baterias de um banco podem ser organizadas em série e paralelo, como foi explicado no início deste capítulo. A tensão das baterias empregadas e a tensão desejada para o banco determinam o número de baterias que devem ser ligadas em série. Depois, uma vez conhecida a energia e

definido o valor da tensão de operação, precisamos determinar a capacidade de carga (expressa em ampère-hora, Ah) do banco de baterias, que vai determinar a quantidade de elementos em paralelo.

Número de baterias em série

O número de baterias em série pode ser determinado pela fórmula:

$$N_{BS} = V_{BANCO} / V_{VBAT}$$

em que:

N_{BS} = Número de baterias ligadas em série

V_{BANCO} = Tensão do banco de baterias [V]

V_{VBAT} = Tensão da bateria utilizada [V]

A capacidade do banco de baterias é determinada pela fórmula:

$$C_{BANCO} = E_A / V_{BANCO}$$

em que:

C_{BANCO} = Capacidade de carga do banco de baterias em ampère-hora [Ah]

E_A = Energia armazenada no banco de baterias [Wh]

V_{BANCO} = Tensão do banco de baterias [V]

A energia armazenada é calculada pela fórmula:

$$E_A = E_C / P_D$$

em que:

E_A = Energia armazenada no banco de baterias [Wh]

E_C = Energia consumida [Wh]

P_D = Profundidade de descarga permitida (20%, 50%, 80% etc.)

Número de baterias em paralelo

Finalmente, precisamos determinar a quantidade de conjuntos de baterias que devem ser ligados em paralelo para constituir o banco com a capacidade desejada. Isso depende do tipo de bateria empregado. Geralmente são escolhidas baterias com capacidade de ampère-hora [Ah] mais próxima possível da capacidade total do banco.

O número de conjuntos paralelos é determinado pela fórmula:

$$N_{BP} = C_{BANCO} / C_{BAT}$$

em que:

N_{BP} = Número de conjuntos de baterias ligados em paralelo

C_{BANCO} = Capacidade de carga do banco de baterias em ampère-hora [Ah]

C_{BAT} = Capacidade de carga de cada bateria em ampère-hora [Ah]

Exemplo

Dimensionar um banco de baterias para um sistema que consome 8600 Wh de energia. Esse banco será empregado num sistema fotovoltaico de 24 V. Deseja-se ter profundidade de descarga máxima de 30% com baterias estacionárias de chumbo ácido de 12 V.

A solução começa com a determinação do número de baterias ligadas em série:

$$N_{BS} = 24 / 12 = 2$$

A energia que precisa ser armazenada [Wh] no banco é calculada como:

$$E_A = 8600 / 0{,}3 = 28666 \text{ Wh ou } 28{,}66 \text{ kWh}$$

Em seguida é necessário calcular a capacidade de carga [Ah] do banco de baterias:

$$C_{BANCO} = 8600 / 24 / 0{,}30 = 1195 \text{ Ah}$$

Agora precisamos determinar quantos conjuntos de baterias serão ligados em paralelo. Para isso precisamos identificar o modelo de bateria que será empregado. Olhando no catálogo de um determinado fabricante de baterias, encontramos que seu maior modelo de 12 V tem a capacidade de carga de 240 Ah. Então:

$$N_{BP} = 1195 / 240 = 5$$

O banco de baterias resultante é mostrado na Figura 4.47.

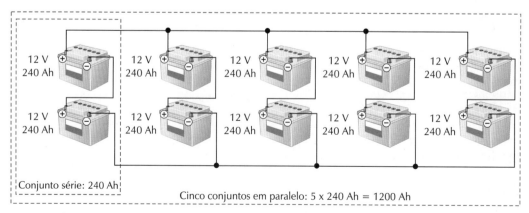

Figura 4.47 – Banco de baterias dimensionado para 1200 Ah com baterias de 12 V / 240 Ah.

Para certificar-se de que o dimensionamento está correto, basta multiplicar a tensão de cada bateria pela sua capacidade de carga, depois multiplicar pelo número total de baterias do banco. O valor obtido deve ser próximo do valor da energia armazenada que foi considerado no início do cálculo. Neste exemplo temos que a energia armazenada no banco é igual a 240 Ah × 12 V × 2 × 5 = 28,8 kW, ligeiramente superior ao valor desejado de 28,66 kWh, portanto o dimensionamento está correto.

4.10 Levantamento do consumo de energia do sistema fotovoltaico autônomo

O primeiro passo para o dimensionamento de um sistema fotovoltaico é o levantamento do consumo de energia elétrica. Precisamos saber quais aparelhos elétricos serão usados e durante quantas horas eles ficarão ligados durante um dia ou durante um mês.

O cálculo da energia necessária para alimentar um aparelho elétrico ou eletrônico é feito pela potência do aparelho e pelo número de horas em que ele é utilizado.

Em sistemas fotovoltaicos autônomos, normalmente estamos interessados em saber qual é a energia consumida pelo aparelho no período de um dia, pois queremos dimensionar os painéis fotovoltaicos e as baterias para possibilitar o uso diário desses aparelhos.

A energia elétrica consumida por um aparelho eletroeletrônico é calculada por:

$$E_C = P \times T$$

em que:

E_C = Energia consumida em watts-hora [Wh]

P = Potência em watts [W]

T = Tempo de uso em horas [h]

O consumo de energia dos aparelhos alimentados pelo sistema fotovoltaico pode ser determinado a partir da potência do aparelho mostrada na placa de identificação, no seu manual ou no catálogo do fabricante.

Para fazer o cálculo da energia é necessário saber quantas horas por dia o aparelho é utilizado. Essa é uma tarefa nem sempre fácil, pois o uso de um aparelho pode variar de um dia para outro, de acordo com a época do ano, ou pode ser diferente de acordo com a pessoa que o utiliza.

O dimensionamento de um sistema fotovoltaico deve levar em conta o uso médio do aparelho com base na experiência prática do projetista e tendo-se algum conhecimento prévio do tipo de aparelho que será alimentado e do tipo de usuário que utilizará o sistema fotovoltaico.

A Tabela 4.6 mostra as potências [W], as horas de uso e o consumo médio mensal [kWh] de alguns aparelhos e eletrodomésticos comuns. Normalmente os sistemas fotovoltaicos são dimensionados com base no consumo diário de energia, pois é comum realizar o cálculo da energia produzida diariamente pelo módulo fotovoltaico.

Se o dimensionamento for feito com base no consumo mensal, pode-se utilizar a tabela para obter o consumo de energia mensal dos aparelhos. Se o dimensionamento for diário, basta dividir por 30 o número obtido na tabela.

> **Observação**
>
> A energia é medida em Wh (watt-hora) ou quilowatt-hora (kWh). 1 kWh = 1000 Wh. O watt-hora (Wh) é uma unidade de energia, enquanto o watt (W) é uma unidade de potência.

Tabela 4.6 – Tabela de consumo dos aparelhos eletrodomésticos mais comuns

Aparelhos	Potência (W)	Dias de uso no mês	Tempo de utilização diária	Consumo mensal (kWh)
Freezer	400	30	10 h (*)	120
Geladeira (2 portas)	300	30	10 h (*)	90
Geladeira (1 porta)	200	30	10 h (*)	60
Boiler elétrico	1500	30	2 h	90
Chuveiro elétrico	3500	30	40 min	70
Torneira elétrica	3500	30	30 min	52
Forno elétrico	1500	30	1 h	45
Secadora de roupas	3500	12	1 h	42
Cafeteira elétrica	1000	30	1 h	30
Lavadora de louças	1500	30	40 min	30
Ventilador	100	30	8 h	24
Computador	250	30	3 h	22
Lâmpada	100	30	5 h	15
TV (20 polegadas)	90	30	5 h	13
TV (14 polegadas)	60	30	5 h	9
Forno de micro-ondas	1300	30	20 min	13
Ferro elétrico	1000	12	1 h	12
Aspirador de pó	1000	30	20 min	10
Lavadora de roupas	1500	12	30 min	9
Secador de cabelo	1000	30	10 min	5
Aparelho de som	20	30	4 h	2
Telefone sem fio	5	30	24 h	3
TV em *stand by*	6	30	19 h	3
Carregador de celular	1,5	30	5 h	0
Rádio relógio	1,6	30	24 h	1

(*) O tempo médio de utilização para geladeiras e freezers refere-se ao período em que o compressor fica ligado para manter o interior na temperatura desejada. O consumo de energia de uma geladeira ou freezer depende da temperatura ambiente e do modo de utilização. Com a abertura muito frequente das portas o consumo tende a ser mais elevado.

4.11 Exemplo de dimensionamento de um sistema fotovoltaico autônomo

Vamos fazer o dimensionamento de um sistema para atender ao consumo diário de uma residência que possui os seguintes aparelhos:

- **Duas lâmpadas de 60 W:** ligadas durante cinco horas por dia.

- **Um televisor de 200 W:** ligado quatro horas por dia.

- **Um refrigerador de 200 W:** ligado dez horas por dia (tempo de funcionamento médio do motor do compressor).

Características do sistema:

- Usa baterias de chumbo ácido de 12 V com descarga máxima de 50%.

- Usa controlador de carga convencional (do tipo LIGA/DESLIGA, sem MPPT).

- Deve ter energia armazenada nas baterias para dois dias de uso.

- Utiliza módulos LD135R9W em região com 5 horas diárias de insolação.

- A tensão de alimentação da instalação dos aparelhos é de 127 V, e a tensão do banco de baterias é 24 V.

Levantamento do consumo

Energia necessária diariamente:

$2 \times 60\ W \times 5\ h = 600\ Wh$

$1 \times 200 \times 4\ h = 800\ Wh$

$1 \times 200\ W \times 10\ h = 2000\ Wh$

Total $= 600\ Wh + 800\ Wh + 2000\ Wh = 3400\ Wh$

Então:

$E_C = 3400\ Wh$ (energia consumida diariamente)

Dimensionamento do banco de baterias

O dimensionamento do banco de baterias empregado num sistema fotovoltaico deve levar em conta os seguintes aspectos:

- Quanta energia é necessária para o consumo diário.

- Quantos dias o banco de baterias deve ser capaz de alimentar o consumo caso não haja produção de energia em dias chuvosos ou nublados.

- Qual é a profundidade de descarga permitida para as baterias.

O primeiro aspecto tem resposta simples, pois o dimensionamento do sistema parte do conhecimento dos aparelhos que serão alimentados e de seu tempo médio de utilização.

O segundo aspecto já é um pouco complicado. Se as baterias forem dimensionadas para armazenar energia suficiente para uma semana de uso, por exemplo, o custo do sistema ficará elevado. Se forem dimensionadas apenas para uso diário, corre-se o risco de ficar sem energia num dia de chuva.

O dimensionamento do banco de baterias depende da aplicação e do conforto desejados. Se o sistema fotovoltaico for usado em uma aplicação crítica, como a alimentação de uma estação de telecomunicações ou de um sistema de iluminação de aeroporto, é recomendável fazer o dimensionamento das baterias para suportar vários dias sem geração de eletricidade, pois isso garante a continuidade do serviço.

Para alimentar eletrodomésticos em uma residência, pode-se dimensionar o banco para ter energia durante apenas um ou dois dias. Em caso de falta de produção de eletricidade devido a chuvas ou nuvens, o usuário pode reduzir o seu consumo, utilizando menos o televisor e outros aparelhos não essenciais. Dessa forma o conforto é reduzido, mas o custo do sistema fotovoltaico também é reduzido, pois um número menor de baterias é utilizado.

O terceiro aspecto afeta a durabilidade ou a vida útil das baterias. Se as baterias forem dimensionadas para serem descarregadas diariamente com uma profundidade de descarga muito grande, seu tempo de vida será severamente reduzido. Se forem dimensionadas para uma pequena profundidade de descarga, sua durabilidade será maior, porém o custo do sistema será mais elevado. O projetista do sistema fotovoltaico deve levar em conta o custo-benefício do sistema e a facilidade ou dificuldade para realizar a manutenção.

Em geral uma profundidade de descarga de 20% nas baterias de chumbo ácido é adequada para proporcionar uma longa vida útil, enquanto uma descarga de 50% proporciona um custo menor com o inconveniente de vida útil reduzida e necessidade frequente de manutenção para a substituição das baterias.

Neste exemplo estamos dimensionando um sistema no qual é prevista a profundidade de descarga de 50%, com energia armazenada nas baterias para dois dias de uso. Em outras palavras, estamos dizendo que se não houver sol durante dois dias seguidos haverá energia armazenada no banco para suprir dois dias de consumo e ao final desses dois dias as baterias terão sido descarregadas em 50%.

A profundidade de descarga adotada neste exemplo é bastante razoável, pois se consi-

derarmos o uso do sistema na maior parte do ano, com condições favoráveis de insolação na maior parte dos dias, a energia das baterias será necessária apenas para uso diário, portanto sua profundidade de descarga será de apenas 25% na maior parte do tempo e 50% somente nas situações raras em que faltar sol durante dois dias seguidos.

Neste exemplo teremos então:

$$E_C = 3400 \ Wh$$
$$(energia \ consumida \ diariamente)$$

$$E_A = 3400 \ Wh \ x \ 2 \ dias = 6800 \ Wh$$
$$ou \ 6,8 \ kWh$$

O banco de baterias deve ter a tensão de 24 V. Como utilizamos baterias de chumbo ácido de 12 V, teremos:

$$N_{BS} = 24 \ / \ 12 = 2$$
$$(baterias \ ligadas \ em \ série)$$

A capacidade do banco de baterias será:

$$C_{BANCO} = 6800 / \ 24 \ / \ 0,5 = 566 \ Ah$$

Considerando o uso de baterias de 240 Ah, determinamos o número de conjuntos de baterias conectados em paralelo:

$$N_{BP} = 566 \ / \ 240 = 2,36$$

O número 2,36 pode ser arredondado para cima ou para baixo. Para ter um sistema de custo menor, pode-se optar por apenas dois conjuntos. Para garantir que o sistema fotovoltaico atenderá às necessidades do usuário, pode-se optar pelo emprego de três conjuntos. Neste exemplo vamos adotar o número 3.

Quantidade de módulos fotovoltaicos

A escolha da quantidade de módulos empregados deve ser feita com base na produção de energia elétrica do módulo no local da instalação e no tipo de controlador de carga empregado no sistema. Neste exemplo empregamos um controlador de carga do tipo LIGA/DESLIGA, que não possui o recurso do MPPT. Nesse caso o cálculo da energia produzida pelo módulo é feito pelo método da corrente máxima.

Foi visto anteriormente que um módulo LD135R9W fornece 410 Wh de energia diariamente num local com cinco horas diárias de insolação, considerando sua corrente máxima em NOCT e a tensão de operação de 12 V. Neste exemplo o sistema tem a tensão de operação de 24 V, pois essa é a tensão do banco de baterias. Obrigatoriamente serão utilizados dois módulos LD135R9W em série e um número de módulos em paralelo que ainda precisamos determinar.

O número total de módulos necessários no sistema é calculado por:

$$N = E_C / E_P$$

em que:

N = Número de módulos empregados no sistema

E_C = Energia diária consumida no sistema [Wh]

E_P = Energia diária produzida por módulo [Wh]

Então teremos para o sistema considerado:

$$N = 3400 \ Wh / 410 \ Wh = 8,29$$

Novamente, como no caso do dimensionamento do banco de baterias, podemos arredondar o número obtido para cima ou para baixo. Como temos obrigatoriamente de empregar conjuntos de dois módulos em série devido à tensão de operação de

24 V do sistema, será necessário utilizar um número par de módulos. Neste exemplo vamos empregar oito módulos fotovoltaicos.

Controlador de carga

Depois de dimensionar o conjunto de módulos fotovoltaicos e o banco de baterias, a próxima etapa é escolher o modelo de controlador de carga empregado.

A especificação do controlador de carga leva em conta dois parâmetros, que são a tensão de operação e a corrente elétrica máxima fornecida pelos módulos.

A corrente máxima fornecida por cada módulo LD135R9W, de acordo com a folha de dados do fabricante, é a corrente de curto-circuito na condição STC, que vale 8,41 A.

O conjunto de oito módulos fotovoltaicos neste exemplo possui dois módulos em série e quatro conjuntos paralelos, o que resulta uma corrente elétrica máxima de $4 \times 8,41 \ A = 33,64 \ A$.

A corrente máxima fornecida pelos módulos pode ser corrigida com um fator de segurança de 30%, para garantir que a corrente máxima do controlador especificado não será excedida em nenhuma hipótese. O fator de segurança é um número prático que pode ser escolhido de acordo com a experiência do projetista. Nesse caso, a corrente máxima de projeto será $33,64 \ A \times 1,3 = 43,73 \ A$.

O controlador de carga empregado nesse sistema deve operar na tensão de 24 V e suportar a corrente máxima de 43,73 A. Buscando nos catálogos dos fabricantes de controladores de carga, encontram-se produtos na faixa de 24 V com correntes de 30 A a 60 A. Neste exemplo podemos escolher um controlador com as especificações de 24 V e 45 A.

Organização do sistema

A Figura 4.48 mostra a organização do sistema com o conjunto de módulos e o banco de baterias dimensionados. O inversor é escolhido de acordo com as tensões de entrada e saída especificadas para o sistema e deve suportar a potência total dos aparelhos que serão alimentados. Características do sistema:

- Oito módulos LG, modelo LD135R9W.
- Seis baterias de 240 Ah / 12 V.
- Um controlador de carga 24 V / 45 A.
- Um inversor 24 VCC / 127 VCA / 500 W.

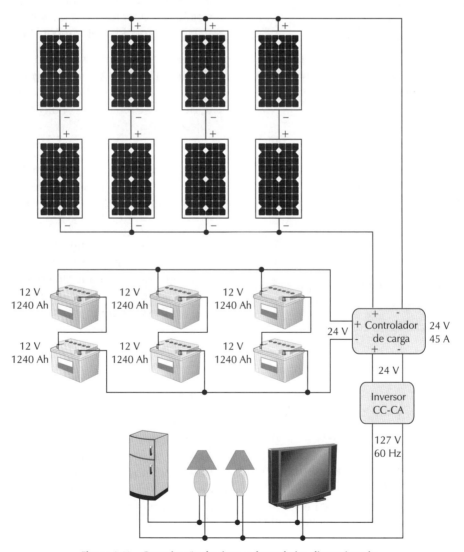

Figura 4.48 – Organização do sistema fotovoltaico dimensionado.

Exercícios

1. Dê exemplos de algumas aplicações dos sistemas fotovoltaicos autônomos.

2. Quais são os componentes dos sistemas fotovoltaicos autônomos? Explique a função de cada um deles.

3. Cite os tipos de baterias que podem ser empregados nos sistemas fotovoltaicos e explique suas diferenças.

4. Explique a diferença entre uma bateria automotiva e uma bateria estacionária.

5. Explique o que é a profundidade de descarga da bateria.

6. Como se especifica a vida útil de uma bateria? Quais são os fatores que podem afetar o tempo de vida?

7. Explique os diferentes estágios de carga de uma bateria estacionária de chumbo ácido.

8. Explique as funções e o funcionamento do controlador de carga.

9. Quais são os tipos de controladores de carga existentes e suas diferenças?

10. Explique como funciona um inversor CC-CA e suas principais características.

11. Quais são os tipos de inversores existentes de acordo com a forma de onda da tensão de saída?

12. Explique o que é um inversor interativo com a rede elétrica. Cite um exemplo de aplicação.

13. Cite e explique os três modos de organização de sistemas fotovoltaicos que foram apresentados.

14. Em qual situação é possível dispensar o uso de baterias no sistema fotovoltaico autônomo?

15. Quais são os dois métodos usados no cálculo da energia produzida pelo módulo fotovoltaico? Quando se deve usar um ou outro?

    Dimensione os seguintes bancos de baterias:

    - **Banco 1:** 8000 Wh, baterias de 240 Ah / 12 V, tensão total de 24 V, profundidade de descarga de 50%.

    - **Banco 2:** 3600 Wh, baterias de 150 Ah / 12 V, tensão total de 12 V, profundidade de descarga de 20%.

16. Dimensione um sistema fotovoltaico com as características apresentadas em seguida. Especifique o número de módulos e a forma de organização, o número de baterias e a forma de organização do banco, as características do controlador de carga e do inversor empregado.

    - **Uma lâmpada de 60 W:** ligada durante cinco horas por dia.

    - **Uma lâmpada de 100 W:** ligada durante duas horas por dia.

    - **Um televisor de 260 W:** ligado quatro horas por dia.

- **Um refrigerador de 80 W:** ligado dez horas por dia (tempo de funcionamento médio do motor do compressor).

- **Um microcomputador de 150 W:** ligado oito horas por dia.

Características do sistema:

- Usa baterias de chumbo ácido de 12 V com descarga máxima de 50%.

- Usa controlador de carga eletrônico com MPPT.

- Deve ter energia armazenada nas baterias para três dias de uso.

- Utiliza módulos LD135R9W em região com seis horas diárias de insolação.

- A tensão de alimentação da instalação dos aparelhos é de 220 V e a tensão do banco de baterias é 48 V.

Sistemas Fotovoltaicos Conectados à Rede Elétrica

5.1 Introdução

O sistema fotovoltaico conectado à rede elétrica opera em paralelismo com a rede de eletricidade. Diferentemente do sistema autônomo, o sistema conectado é empregado em locais já atendidos por energia elétrica.

O objetivo do sistema fotovoltaico conectado à rede é gerar eletricidade para o consumo local, podendo reduzir ou eliminar o consumo da rede pública ou mesmo gerar excedente de energia.

Em alguns países os consumidores são incentivados a produzir excedente de energia e são remunerados pela eletricidade que exportam. Residências e empresas que possuem sistemas fotovoltaicos conectados à rede e produzem energia excedente deixam de ser consumidores e tornam-se produtores de eletricidade.

Ao longo deste capítulo vamos conhecer os sistemas fotovoltaicos conectados à rede elétrica, suas características e seus componentes.

5.2 Categorias de sistemas fotovoltaicos conectados à rede

Os sistemas fotovoltaicos conectados à rede podem ser centralizados, constituindo usinas de geração de energia elétrica, como a mostrada na Figura 5.1, ou micro e minissistemas descentralizados de geração distribuída instalados em qualquer tipo de consumidor. Os sistemas fotovoltaicos conectados à rede elétrica podem ser classificados em três categorias, de acordo com seu tamanho, segundo as definições utilizadas pela Agência Nacional de Energia Elétrica (Aneel). São elas:

- **Microgeração:** potência instalada até 100 kW;
- **Minigeração:** potência instalada entre 100 kW e 1 MW;
- **Usinas de eletricidade:** potência acima de 1 MW.

Em 17 abril de 2012 a Aneel publicou sua Resolução nº 482, que se tornou um marco histórico para o setor de energias renováveis no Brasil, permitindo o acesso às redes públicas de distribuição aos microgeradores e minigeradores de eletricidade baseados em fontes renováveis. A resolução contempla, além da energia fotovoltaica, as energias hidráulica (na forma de pequenas centrais hidrelétricas), eólica e da biomassa.

A referida resolução possibilita, a exemplo do que já ocorria em outros países, que micro e minissistemas fotovoltaicos sejam construídos por usuários residenciais e empresas, visando à produção de eletricidade para consumo próprio. A resolução não trata das usinas de energia solar fotovoltaica, pois para esse tipo de empreendimento valem as regras já existentes para as centrais geradoras construídas com o objetivo de comercializar energia.

5.2.1 Usinas de geração fotovoltaica

Os sistemas fotovoltaicos podem ser usados na construção de usinas de geração de energia elétrica conectadas ao sistema elétrico através de transformadores e linhas de transmissão, da mesma forma como são constituídas as usinas hidrelétricas, termelétricas e outras.

A Figura 5.1 mostra a organização de uma usina fotovoltaica. Grandes conjuntos de módulos fotovoltaicos são conectados a inversores centrais, que podem ter potências de 100 kW até mais de 1 MW. Esses inversores são conectados a uma ou mais cabinas de transformação, que elevam as tensões dos sistemas fotovoltaicos a níveis compatíveis com as linhas de transmissão do sistema elétrico.

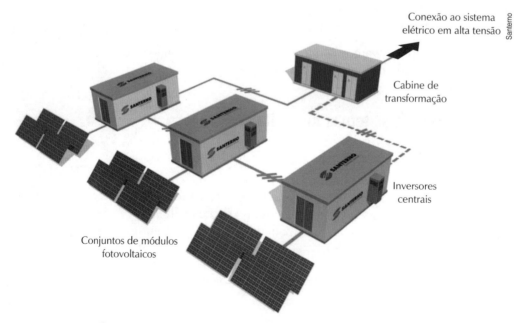

Figura 5.1 – Usina de geração fotovoltaica conectada ao sistema elétrico.

As Figuras 5.2 e 5.3 mostram exemplos de usinas de energia solar fotovoltaica constituídas por um grande número de módulos fotovoltaicos e diversos inversores centrais conectados à rede de alta tensão trifásica. No futuro as usinas de eletricidade fotovoltaica poderão substituir parte das usinas baseadas nas fontes tradicionais de energia.

Figura 5.2 – Usina de geração fotovoltaica de 20 MW em Calasparra, Espanha.

Figura 5.3 – A maior usina fotovovoltaica do mundo, com potência de 124 MW. Instalada em Ravenna, Itália.

5.2.2 Sistemas de minigeração fotovoltaica

Os sistemas fotovoltaicos de minigeração são aqueles instalados em consumidores comerciais e industriais. São construídos com o objetivo de suprir parcial ou totalmente a demanda de energia elétrica desses consumidores, reduzindo sua dependência da energia elétrica da rede pública, proporcionando economia na conta de eletricidade e imunidade contra a elevação do preço da energia elétrica.

Além do benefício econômico, muitas empresas buscam soluções de energia sustentáveis e ambientalmente corretas, pois percebem que os consumidores têm preferência por instituições que se preocupam com a preservação do planeta. As figuras a seguir ilustram exemplos de sistemas fotovoltaicos de minigeração.

Figura 5.4 – Sistema fotovoltaico de minigeração instalado no telhado de prédio comercial.

Figura 5.5 – Sistema fotovoltaico de minigeração instalado no telhado de um prédio comercial.

Figura 5.6 – Sistema fotovoltaico de minigeração instalado no telhado de um centro comercial.

Figura 5.7 – Sistema fotovoltaico de minigeração instalado no telhado de um prédio industrial.

Figura 5.8 – Sistema fotovoltaico de minigeração instalado no telhado de um estacionamento.

5.2.3 Sistemas de microgeração fotovoltaica

Os sistemas fotovoltaicos de microgeração são pequenos sistemas, com potência de até 100 kW, instalados em locais de menor consumo de eletricidade. Nessa categoria encaixam-se os sistemas fotovoltaicos instalados nos telhados de residências, empresas e shopping centers, que podem suprir totalmente o consumo de eletricidade e tornar os consumidores autossuficientes em energia elétrica.

A Figura 5.9 ilustra um sistema fotovoltaico típico de microgeração conectado à rede elétrica de uma residência, composto de um conjunto de módulos fotovoltaicos, um inversor especial para a conexão à rede, quadros elétricos e um medidor de energia. A energia gerada pelo sistema fotovoltaico é injetada e distribuída na rede elétrica interna da residência. A eletricidade obtida dos módulos fotovoltaicos é consumida no próprio local, e o excedente, se houver, é exportado para a concessionária de eletricidade, gerando créditos que podem depois ser descontados da conta de energia elétrica.

Sistemas fotovoltaicos conectados à rede elétrica, como o mostrado na Figura 5.9, podem ser conectados a redes monofásicas ou trifásicas de residências, empresas, prédios comerciais e qualquer outro tipo de consumidor que seja atendido pela rede pública de distribuição de eletricidade.

Os sistemas fotovoltaicos são modulares, o que significa que conjuntos de módulos e inversores, como os mostrados na Figura 5.9, podem ser acrescentados em paralelo em qualquer quantidade, de acordo com o tamanho do sistema fotovoltaico desejado.

Sistemas Fotovoltaicos Conectados à Rede Elétrica

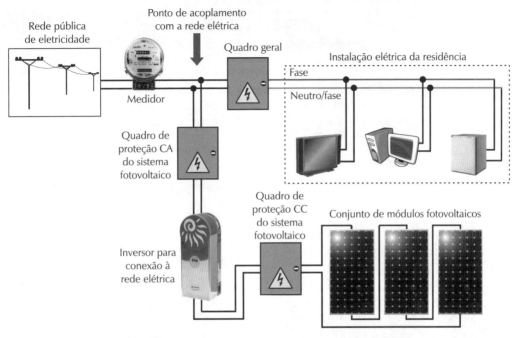

Figura 5.9 – Organização e componentes de um sistema fotovoltaico residencial conectado à rede elétrica.

Os sistemas fotovoltaicos de microgeração são fáceis de instalar e utilizam poucos componentes. A fixação de módulos fotovoltaicos nos telhados é feita com técnicas semelhantes às empregadas na instalação de coletores solares térmicos.

As instalações elétricas são simples e exigem apenas alguns requisitos de proteção que serão abordados neste capítulo. Os módulos fotovoltaicos são conectados à rede elétrica da residência através de um inversor CC-CA específico para a conexão à rede elétrica, da maneira mostrada na Figura 5.9.

As figuras apresentadas nas páginas seguintes ilustram exemplos de sistemas fotovoltaicos de microgeração instalados em áreas residenciais. Esses sistemas são muito utilizados em outros países e agora começam a ser implantados no Brasil.

A disseminação desse tipo de sistema em todas as residências do País, aproveitando áreas vazias e telhados para a produção de eletricidade, pode contribuir fortemente com a geração de eletricidade em nível nacional e reduzir as emissões de carbono e outros prejuízos ambientais causados pelo uso de combustíveis fósseis e outras fontes tradicionais de energia.

Figura 5.10 – Sistema fotovoltaico de microgeração instalado em estacionamento de área residencial.

Figura 5.11 – Sistema fotovoltaico de microgeração instalado em área residencial.

Figura 5.13 – Sistemas fotovoltaicos de microgeração instalados em telhados de prédios residenciais.

Figura 5.12 – Sistemas fotovoltaicos de microgeração instalados em telhados de prédios residenciais.

Figura 5.14 – Sistema fotovoltaico de microgeração instalado no telhado de uma residência.

Figura 5.15 – Sistema fotovoltaico de microgeração instalado no telhado de uma residência.

5.3 Sistemas de tarifação

5.3.1 Venda de energia no mercado livre

Como foi dito anteriormente, os sistemas fotovoltaicos podem ser empregados na construção de usinas de geração de energia elétrica ligadas ao sistema elétrico.

Nesse caso aplicam-se as regras que valem para usinas de outras fontes de energia, como usinas hidrelétricas e termelétricas.

A venda da energia ocorre no mercado de comercialização e aplicam-se as tarifas e os requisitos técnicos padronizados para esse tipo de conexão.

A conexão desses sistemas à rede é feita através de grandes inversores que são conectados a transformadores elevadores, permitindo a conexão a linhas de transmissão de alta tensão para a distribuição da energia elétrica produzida para o Sistema Interligado Nacional.

Uma das primeiras usinas fotovoltaicas comerciais brasileiras, com potência de 1 MW, foi construída no município de Campinas, no Estado de São Paulo, pela empresa CPFL Energia. A Aneel (Agência Nacional de Energia Elétrica) através da chamada pública 13/2011, promoveu a construção de dezenas de usinas de 1 MW ou maiores em todo o Brasil, em projetos patrocinados e assistidos por concessionárias de energia elétrica.

5.3.2 Tarifação *net metering*

A tarifação *net metering*, ou medida da energia líquida, é um sistema de medição adotado em alguns países que já empregam sistemas fotovoltaicos residenciais conectados à rede elétrica.

Nesse tipo de tarifação existe um medidor eletrônico que registra a energia que a residência consome da rede elétrica pública e a energia que a residência produz e eventualmente exporta para a rede elétrica.

De acordo com esse sistema de tarifação, no final do mês o consumidor só paga a diferença entre o que consumiu e o que gerou.

Podemos enxergar o sistema de *net metering* como aquele que emprega um medidor tradicional que gira para os dois lados. Se estivermos consumindo energia, o medidor registra o consumo. Se estivermos exportando energia, o medidor gira no sentido contrário e vai diminuindo o valor do consumo que foi registrado. No final do mês o consumidor só paga o que ficou registrado no medidor, ou seja, a diferença entre o que ele consumiu e o que gerou.

O sistema de *net metering*, que é o modelo que será implantado no Brasil, é necessário para viabilizar a microgeração fotovoltaica residencial, pois o sistema fotovoltaico gera mais energia durante o dia, quando o consumo residencial é menor.

O *net metering* permite então registrar a energia que foi exportada pela residência durante o dia, gerando créditos de energia que depois são abatidos na conta de eletricidade. Na prática é como se o proprietário de um microssistema residencial estivesse exportando energia durante o dia, quando não está em casa, e recebendo a energia de volta no período da noite, quando não há sol e a energia obrigatoriamente é consumida da rede elétrica.

No conceito do *net metering* empregado nos sistemas fotovoltaicos de microgeração e minigeração a rede elétrica funciona como uma bateria que armazena a energia gerada. A energia é enviada para a bateria quando existe excedente e posteriormente é recuperada.

Sem a existência de um sistema de tarifação com *net metering*, caso a energia produzida pelo sistema fotovoltaico seja maior do que o consumo, o excedente exportado para a rede elétrica não é contabilizado e a energia é perdida, e o proprietário do sistema fotovoltaico não recebe nada por isso.

No sistema de *net metering* implantado em alguns países, se uma residência com um sistema fotovoltaico gerar mais energia do que produziu ao longo do ano, o proprietário pode receber um pagamento pela energia ao final de um determinado período, caso não tenha utilizado os créditos que foram gerados com a energia exportada. A concessionária de energia elétrica é obrigada a comprar a energia pelo mesmo preço que ela pagaria se estivesse comprando de outras fontes. As regras, as tarifas e outros aspectos variam de um país para outro.

No Brasil, de acordo com a resolução da Aneel nº 482/2012, o microprodutor de energia tem o prazo de 36 meses para utilizar os créditos gerados. Ao final desse período os créditos serão perdidos, sem remuneração pela energia produzida.

Os medidores usados no sistema de *net metering* são eletrônicos, com a capacidade de medir o fluxo de energia nos dois sentidos, ou seja, tanto a energia consumida como a energia gerada. São os chamados medidores eletrônicos de quatro quadrantes.

O consumidor que desejar se tornar um microgerador ou minigerador de eletricidade pode solicitar à concessionária a instalação de um medidor de quatro quadrantes.

Para conectar o seu sistema fotovoltaico à rede elétrica, o consumidor deve atender às exigências da concessionária, adequando a instalação elétrica de sua residência segundo as normas e acrescentando os sistemas de proteção que forem exigidos, além de observar se os equipamentos utilizados (inversores, dispositivos de proteção e módulos fotovoltaicos) atendem às certificações nacionais e internacionais vigentes.

O consumidor que possuir um sistema de geração fotovoltaica registrado na concessionária de energia recebe todo mês uma conta de eletricidade em que constam duas medidas: a energia consumida e a energia gerada. O consumidor paga somente a diferença e verifica mensalmente a economia proporcionada pelo sistema fotovoltaico conectado à rede elétrica.

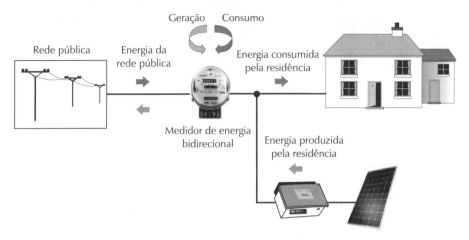

Figura 5.16 – Sistema de tarifação *net metering* com um medidor bidirecional.

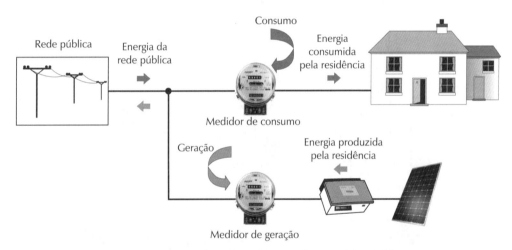

Figura 5.17 – Sistema de tarifação *net metering* com dois medidores.

5.3.3 Tarifação *feed in*

O sistema de tarifação *feed in* foi criado na Europa para incentivar o uso de energias renováveis. O sistema de medição é semelhante ao do *net metering* com dois medidores, mas no *feed in* o consumidor é premiado com a instalação de um sistema de energia fotovoltaica em sua residência, recebendo um pagamento pela energia que o seu sistema fotovoltaico exporta para a rede elétrica. O pagamento da energia exportada é maior do que o preço da energia consumida da rede pública, portanto a instalação de um sistema fotovoltaico com a tarifação *feed in* é muito vantajosa e rentável.

Para incentivar ainda mais o uso das energias renováveis, o sistema *feed in* foi aperfeiçoado pelos governos de alguns países, premiando o consumidor por toda a energia que é gerada por fontes alternativas e não somente pela energia que é exportada. Nesse caso o sistema torna-se ainda mais rentável. Na prática o governo, através desse incentivo, torna mais barata a eletricidade para o consumidor, que recebe dinheiro pela eletricidade que ele próprio consome, desde que seja gerada por uma fonte renovável. No sistema *feed in* aperfeiçoado existem três tipos de tarifas:

- **Tarifa de geração:** o proprietário do sistema fotovoltaico recebe por quilowatt-hora [kWh] gerado a partir de uma fonte renovável, independentemente de essa energia ser consumida localmente ou ser exportada para a rede.

- **Tarifa de exportação:** se a residência produzir mais do que consome, o proprietário recebe um valor adicional por quilowatt-hora [kWh] exportado para a rede elétrica.

- **Tarifa de consumo:** a energia efetivamente consumida da rede elétrica, que é a diferença entre o que foi retirado da rede e o que foi exportado, é tarifada pelo preço normal da eletricidade, o mesmo preço que qualquer consumidor pagaria se não tivesse um sistema de energia fotovoltaica.

A Figura 5.18 ilustra o sistema de tarifação *feed in*, com preços diferenciados para a energia consumida, a energia gerada e a energia exportada.

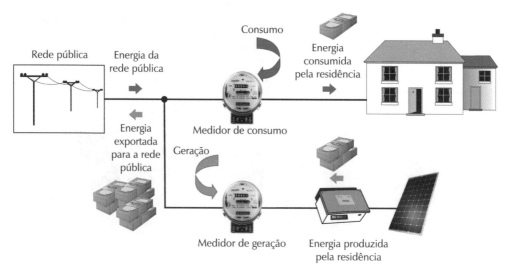

Figura 5.18 – Funcionamento do sistema de tarifação *feed in*.

5.4 Inversores para a conexão à rede elétrica

Os inversores para a conexão de sistemas fotovoltaicos à rede elétrica, assim como os seus semelhantes usados nos sistemas autônomos, convertem em corrente alternada a eletricidade de corrente contínua coletada dos módulos fotovoltaicos.

Nos sistemas autônomos os inversores CC-CA fornecem tensões elétricas alternadas nos seus terminais, preferencialmente na forma de onda senoidal pura, para a alimentação dos consumidores. Nos sistemas fotovoltaicos conectados à rede os inversores CC-CA funcionam como fontes de corrente, como ilustra a Figura 5.19.

Sistemas Fotovoltaicos Conectados à Rede Elétrica

Figura 5.19 – O inversor para a conexão à rede elétrica é uma fonte de corrente.

O leitor que não está familiarizado com os conceitos de engenharia elétrica precisa apenas compreender esta diferença básica entre os dois tipos de inversores. O primeiro, usado nos sistemas autônomos, fornece tensão elétrica. O segundo, usado nos sistemas conectados, fornece corrente elétrica e não tem a capacidade de fornecer tensão para os consumidores. O inversor conectado à rede elétrica funciona apenas quando está conectado a uma rede elétrica.

Na ausência ou falha no fornecimento de eletricidade da concessionária de energia o inversor para a conexão à rede desliga-se por duas razões: não foi projetado para operar sem a rede elétrica e não deve em nenhuma hipótese continuar conectado à instalação elétrica, para a segurança de equipamentos que estão ligados à mesma rede ou de pessoas que no momento manuseiam a instalação elétrica para manutenção.

A Figura 5.20 ilustra o funcionamento de um inversor CC-CA para a conexão à rede elétrica. Esse tipo de inversor possui basicamente a mesma estrutura encontrada no inversor autônomo apresentado no Capítulo 4. Entretanto, o inversor para a conexão à rede possui um sistema eletrônico de controle sofisticado que o transforma em uma fonte de corrente. A função desse sistema de controle, entre outras, é fazer com que a corrente nos terminais de saída do inversor, ou seja, a corrente injetada pelo inversor na rede elétrica, tenha o formato senoidal e esteja sincronizada com a tensão senoidal da rede.

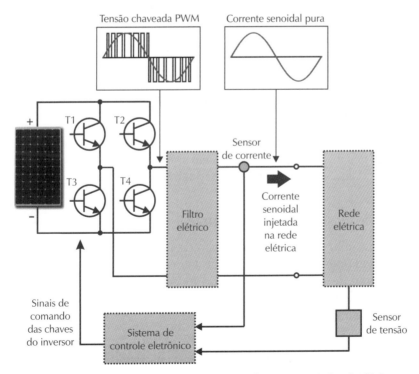

Figura 5.20 – Funcionamento de um inversor CC-CA para conexão à rede elétrica.

Inversores para a conexão à rede elétrica estão disponíveis em diversas faixas de potência, desde 250 W, para a conexão de apenas um módulo à rede elétrica, até vários quilowatts [kW] ou megawatts [MW], empregados em usinas de energia solar.

Normalmente os inversores empregados em microgeração e minigeração são monofásicos, com potências tipicamente de até 5 kW. A constituição de sistemas trifásicos pode ser feita com a colocação de inversores monofásicos em conexão trifásica.

A Figura 5.21 ilustra inversores monofásicos para a conexão de módulos fotovoltaicos à rede elétrica das linhas Sunway M PLUS e Sunway M XS da Santerno.

Figura 5.21 – Inversores para a conexão de módulos fotovoltaicos à rede elétrica.

Tabela 5.1 – Características dos inversores SUNWAY M XS da Santerno

Características do produto			
Faixa de tensão de MPPT	125-480 Vcc	Distorção total da corrente de rede	≤3%
Máx. tensão CC	580 Vcc	Grau de proteção	IP65
Número máx. *strings* na entrada	4	Faixa de temperatura	−25°C−+45°C
Número máximo de canais MPPT independentes	2 (1 no M XS 2200)	Umidade relativa	95% máx.
Tensão de rede	230 Vca +/− 15%	Consumo parado	<10 W
Frequência de rede	60 Hz	Consumo noturno	<0,25 W

5.5 Características dos inversores

A Tabela 5.1, retirada do catálogo do fabricante Santerno, mostra as principais características encontradas nos inversores empregados em sistemas fotovoltaicos conectados à rede elétrica, tomando como exemplo a linha de produtos Sunway M XS.

5.5.1 Faixa útil de tensão contínua na entrada

O *range* ou a faixa útil de tensão é o intervalo de valores de tensão de entrada no qual o inversor consegue operar. É também a faixa de tensão na qual o sistema de MPPT (rastreamento do ponto de máxima potência) do inversor consegue maximizar a produção de energia dos módulos fotovoltaicos. No inversor cujas características são mostradas na Tabela 5.1, a faixa útil de tensão é de 125 V a 480 V.

Geralmente os inversores para a conexão à rede elétrica são construídos para receber conjuntos com vários módulos conectados em série, formando os chamados *strings* (fileiras de módulos) com tensão de saída elevada.

A especificação de uma faixa de tensão de MPPT significa que o ponto de máxima potência do conjunto de módulos fotovoltaicos deve estar dentro dessa faixa, para que o inversor possa maximizar a produção de energia dos módulos. Conjuntos de módulos com tensões de saída abaixo ou acima dos limites da faixa de MPPT do inversor não vão proporcionar bons resultados, ocasionando perda de eficiência do sistema fotovoltaico.

5.5.2 Tensão contínua máxima na entrada

Este é o valor máximo absoluto da tensão admissível na entrada do inversor. Entende-se por entrada do inversor os terminais de conexão dos módulos fotovoltaicos. Nos inversores Sunway M XS a tensão máxima suportada é de 580 V, como mostra a Tabela 5.1.

A tensão máxima suportada pelo inversor está relacionada com a tensão de circuito aberto dos módulos fotovoltaicos. A tensão de circuito aberto está presente nos terminais dos módulos quando estes não fornecem corrente elétrica.

Mesmo quando não estão em funcionamento, por exemplo quando o inversor está desconectado da rede elétrica, os módulos fotovoltaicos aplicam tensão ao inversor e o limite máximo deve ser respeitado, sob risco de danificar os componentes eletrônicos internos do equipamento.

O valor da tensão máxima suportada pelo inversor limita o número de módulos que podem ser colocados em série. O projetista do sistema fotovoltaico deve consultar a folha de dados dos módulos empregados e determinar o número máximo de módulos com base na informação da tensão de circuito aberto fornecida pelo fabricante.

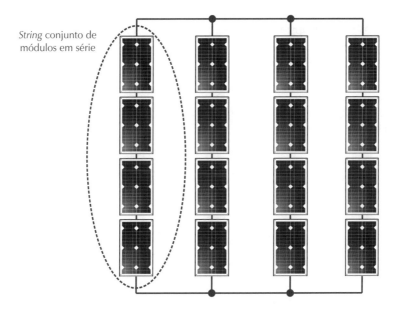

Figura 5.22 – Um conjunto de módulos fotovoltaicos formado pela associação de *strings* em paralelo.

5.5.3 Número máximo de *strings* na entrada

Strings são conjuntos de módulos ligados em série, como mostra a Figura 5.22. Geralmente, quando se constrói um sistema fotovoltaico, os módulos são primeiramente ligados em série, formando *strings*, para proporcionar a tensão de trabalho adequada. Para aumentar a potência do sistema acrescentam-se *strings* em paralelo, formando conjuntos fotovoltaicos com vários *strings*.

Os inversores comerciais possuem um número limitado de entradas para *strings*. A Figura 5.23 ilustra a parte inferior de um inversor CC-CA para a conexão à rede. Geralmente os inversores, independentemente do fabricante, apresentam um conjunto de terminais do tipo MC4 para a conexão de até quatro *strings*.

Se o inversor estiver instalado próximo aos módulos, eles podem ser conectados diretamente com os seus próprios terminais MC4 de fábrica. Entretanto, em geral as distâncias são maiores, sendo necessário confeccionar ou adquirir cabos de extensão com conectores MC4 macho e fêmea nas extremidades, para então realizar a conexão dos *strings* ao inversor.

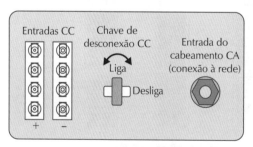

Figura 5.23 – Vista da parte inferior de um inversor CC-CA para a conexão à rede.

Normalmente os inversores possuem entradas para quatro *strings*. Sistemas fotovoltaicos que apresentam um número maior de *strings* paralelos devem fazer uso de conectores auxiliares para o paralelismo de *strings* ou de uma caixa de conexões denominada *string box*.

5.5.4 Número de entradas independentes com MPPT

Os inversores podem ser equipados com um ou mais sistemas de MPPT (rastreamento do ponto de máxima potência). Posteriormente o assunto do MPPT será abordado com mais detalhes e o leitor compreenderá o funcionamento desse recurso importante do inversor.

Todos os inversores para a conexão à rede possuem MPPT, o que significa que são preparados para maximizar a potência fornecida pelos módulos fotovoltaicos, fazendo-os operar constantemente em seu ponto de máxima potência, independentemente das condições que afetam o desempenho e alteram a curva característica de corrente e tensão do conjunto de módulos.

Inversores que possuem múltiplas entradas com MPPT têm a capacidade de otimizar a produção da energia de modo independente para vários conjuntos de módulos fotovoltaicos. Caso um dos conjuntos ou *strings* esteja com uma situação de sombra, por exemplo, os demais que estão conectados ao outro sistema de MPPT continuam operando normalmente em seu ponto de máxima potência. Inversores com múltiplos sistemas de MPPT tornam os sistemas fotovoltaicos mais eficientes.

A Tabela 5.1 mostra que os inversores Sunway M XS possuem duas entradas com sistemas de MPPT independentes (exceto o modelo M XS 2200), o que significa que existe um sistema de MPPT para cada dois *strings* ligados ao inversor.

5.5.5 Tensão de operação na conexão com a rede

A Tabela 5.1 mostra que os inversores Sunway M XS são feitos para operar na tensão de 230 V (tensão alternada), com tolerância de 15%. Isso significa que operam normalmente na rede elétrica de 220 V.

Em geral os fabricantes especificam os produtos para um valor nominal de tensão, mas versões diferentes dos equipamentos são fornecidas para outros valores de tensão de operação de acordo com a região onde são comercializados.

Antes de adquirir um inversor para a conexão à rede, deve-se consultar o distribuidor autorizado ou o fabricante para saber as condições de fornecimento e certificar-se de que o aparelho é adequado para operação na rede elétrica desejada.

5.5.6 Frequência da rede elétrica

A Tabela 5.1 mostra que os inversores Sunway M XS operam na frequência de 60 Hz. Em geral os fabricantes disponibilizam versões dos inversores em 50 Hz e 60 Hz, de acordo com o país onde é comercializado. Inversores especificados para a rede de 50 Hz não devem ser utilizados no Brasil, pois não são adequados para os parâmetros de nossa rede elétrica e não oferecem a segurança de operação necessária nos sistemas fotovoltaicos conectados à rede elétrica.

5.5.7 Distorção da corrente injetada na rede

A Tabela 5.1 mostra que os inversores Sunway M XS injetam na rede elétrica uma corrente elétrica com distorção inferior a 3%. Isso significa que a forma de onda da corrente é uma onda senoidal pura. Em geral as normas permitem distorção de corrente de até 5%.

5.5.8 Grau de proteção

Os inversores fotovoltaicos para a conexão à rede são desenvolvidos para operar em ambientes agressivos, expostos ao tempo. Embora possam operar em locais fechados, os inversores fotovoltaicos normalmente são instalados em áreas externas, próximos aos módulos fotovoltaicos. A proximidade com os módulos reduz os comprimentos dos cabos elétricos e consequentemente minimiza as perdas de energia nos sistemas.

O grau de proteção de um equipamento fornece informações sobre sua capacidade de operar em ambientes agressivos, suportando chuva, calor, frio e poeira. A Tabela 5.1 mostra que os inversores Sunway M XS têm grau de proteção IP 65, então resistem a poeira e jatos de água moderados e podem ser instalados em áreas externas.

O fato de possuir um elevado grau de proteção, podendo ser usado em áreas externas, não significa que o inversor deva ser instalado a céu aberto. Recomenda-se sempre alojar inversores fotovoltaicos em um abrigo, de modo que estejam protegidos da chuva e da exposição direta ao sol. O aquecimento excessivo do aparelho com a incidência direta da radiação solar reduz sua eficiência e sua vida útil.

5.5.9 Temperatura de operação

O inversor é especificado para operar dentro de uma determinada faixa de temperatura, como todo equipamento eletroeletrônico. Temperaturas excessivamente baixas ou altas podem danificar o equipamento ou impedir seu funcionamento correto.

A Tabela 5.1 mostra que os inversores exemplificados suportam temperaturas de −25 °C a +45 °C. Em ambientes agressivos, como regiões sujeitas a invernos e verões muito rigorosos, deve-se considerar a instalação dos inversores em locais fechados que possam conferir conforto térmico para a operação dos equipamentos.

5.5.10 Umidade relativa do ambiente

Inversores fotovoltaicos para a conexão à rede, como qualquer equipamento eletroeletrônico, podem falhar em ambientes muito úmidos. Em ambientes com elevada umidade relativa do ar, como regiões litorâneas e amazônicas, deve-se considerar a instalação dos inversores em locais fechados e secos.

5.5.11 Consumo de energia parado

O inversor consome energia mesmo quando está parado. Esse consumo está relacio-

nado com o funcionamento dos circuitos internos do equipamento mesmo quando o inversor não está em operação e os módulos fotovoltaicos não estão produzindo energia. Essa situação ocorre quando existe tensão fornecida pelos módulos fotovoltaicos mas por alguma razão o inversor está desligado, por exemplo pela falta de conexão com a rede elétrica.

5.5.12 Consumo de energia noturno

O consumo noturno informado pelo fabricante diz respeito ao consumo de energia do inversor em *stand by* (modo de espera). À noite, quando não existe a possibilidade de os módulos fotovoltaicos fornecerem energia, o inversor é desligado automaticamente e apenas suas funções mínimas permanecem ativas, consumindo uma quantidade muito pequena de energia.

Tabela 5.2 – Características técnicas dos inversores SUNWAY M XS da Santerno

Características técnicas	M XS 2200 TL	M XS 3000 TL	M XS 3800 TL
Valores de entrada @ 40 ºC			
Potência de pico sugerida na entrada CC	2400 Wp	3600 Wp	4500 Wp
Potência nominal de entrada em CC	2324 W	3220 W	3995 W
Corrente máxima de entrada	12,5 A(CC)	20 A(CC)	25 A(CC)
Número rastreadores MPPT independentes	1	2	2
Valores de saída @ 40 ºC			
Potência máxima de saída	2428 W	3349 W	4175 W
Potência nominal de saída	2208 W	3059 W	3795 W
Corrente nominal de saída	9,6 A(CA)	13,3 A(CA)	16,5 A(CA)
Rendimentos			
Rendimento máximo	95,5%	95,5%	95,5%
Rendimento europeu	94,6%	94,6%	94,6
Dados mecânicos			
Dimensões (LxAxP)	338x570x218 mm	338x570x218 mm	338x570x218 mm
Peso	15 kg	18 kg	18 kg
Sistema de resfriamento	Natural	Natural	Ventilação forçada

5.5.13 Potência de corrente contínua na entrada

Os fabricantes apresentam sempre dois valores de potência expressos em watts [W], um para a entrada do inversor (lado CC ou lado de conexão com os módulos fotovoltaicos) e um para a saída (lado CA ou lado de conexão com a rede elétrica).

Na Tabela 5.2 observam-se, na primeira linha, os valores de potência de entrada para cada um dos modelos da linha Sunway M XS da Santerno.

Por exemplo, o modelo MXS 2200 TL tem a potência de entrada sugerida de 2400 Wp (watts de pico). Esse valor serve como indicação da potência de pico do conjunto fotovoltaico que pode ser ligado a esse inversor.

Em geral, é possível conectar ao inversor conjuntos com potências ligeiramente maiores ou menores. No caso de um conjunto de potência menor, o inversor fica subutilizado. Por outro lado, com potências maiores o inversor é utilizado em seu limite de potência e os módulos são subutilizados.

Se a potência do conjunto de módulos for demasiadamente pequena, pode ser que o número de módulos ligados em série seja insuficiente para a operação correta do equipamento, causando o desligamento do inversor por falta de tensão.

Se a potência dos módulos for demasiadamente grande, acima do valor recomendado pelo fabricante, o inversor não será capaz de fazer o aproveitamento da energia. Nesse caso o conjunto de módulos será subutilizado, pois o inversor não será capaz de retirar dos módulos toda a energia que poderiam fornecer caso estivessem operando com um inversor de potência compatível.

5.5.14 Potência de corrente alternada na saída

A potência de saída CA especificada pelo fabricante na Tabela 5.2 é a máxima potência que o inversor pode injetar na rede elétrica. Essa potência está relacionada com o valor da tensão de operação do inversor e a máxima corrente suportada na conexão com a rede elétrica, também especificada na tabela.

5.5.15 Rendimento ou eficiência

O rendimento (ou a eficiência) é um número muito importante no inversor, assim como em qualquer equipamento que processa energia elétrica. O rendimento informa quanta energia o equipamento desperdiça durante o seu funcionamento. Quanto maior o rendimento, melhor é o aproveitamento da energia extraída dos módulos fotovoltaicos. Um bom equipamento possui rendimento acima de 90%. Nos inversores mais modernos a eficiência pode chegar a 98% ou mais.

A Tabela 5.2 mostra que os inversores Sunway M XS têm rendimento acima de 94%, de acordo com o método de cálculo europeu, e acima de 95% de acordo com a definição do rendimento (a potência de saída dividida pela potência de entrada) no ponto de máximo rendimento da sua curva de operação, que é levantada experimentalmente durante um ensaio em laboratório.

5.6 Recursos e funções dos inversores para a conexão de sistemas fotovoltaicos à rede elétrica

Além do fato de funcionarem como fonte de corrente para a rede elétrica, e não como fonte de tensão, como explicado anteriormente, os inversores eletrônicos CC-CA para sistemas fotovoltaicos conectados à rede elétrica são equipados com recursos que não existem nos inversores para sistemas autônomos ou isolados. A seguir vamos analisar algumas das funções incorporadas aos inversores chamados *grid-tie* ou *grid-connected*.

5.6.1 Chave de desconexão de corrente contínua

A Figura 5.22 mostra que o inversor é equipado com uma chave de desconexão de corrente contínua, acessível na parte inferior do equipamento.

Trata-se de uma chave manual, que pode ser acionada pelo usuário para desconectar internamente os módulos fotovoltaicos do circuito do inversor.

Essa chave é necessária para que o usuário, ao efetuar a manutenção do sistema, tenha a certeza de que os módulos fotovoltaicos não estão alimentando o inversor, sem a necessidade de desfazer fisicamente as conexões dos cabos elétricos entre os módulos e o inversor.

5.6.2 Proteção contra fuga de corrente

Os inversores são equipados com um sistema eletrônico que monitora a fuga de corrente para a terra através de um medidor de corrente contínua residual instalado na entrada do equipamento, onde é feita a conexão com os módulos fotovoltaicos.

Os inversores comercialmente disponíveis e homologados de acordo com as normas internacionais de segurança para sistemas fotovoltaicos trazem embutido esse sistema de proteção, que impede o funcionamento do equipamento, desconectando-o da rede, se alguma fuga de corrente for detectada nos módulos.

5.6.3 Rastreamento do ponto de máxima potência (MPPT)

O MPPT (*Maximum Power Point Tracking*), ou rastreamento do ponto de máxima potência, é um recurso presente em todos os inversores para a conexão de sistemas fotovoltaicos à rede elétrica.

O sistema de MPPT tem o objetivo de garantir que instantaneamente os módulos operem em seu ponto de máxima potência, qualquer que seja ele, independentemente das condições de operação.

Devido ao fato de as condições de operação dos módulos fotovoltaicos (temperatura e radiação solar) mudarem aleatoriamente durante o funcionamento do inversor, a estratégia de MPPT é necessária nos sistemas fotovoltaicos conectados à rede para maximizar constantemente a produção de energia, proporcionando o maior rendimento possível do sistema.

Todos os inversores comerciais utilizam alguma variação do método de MPPT da perturbação e observação, ilustrado no Gráfico 5.1. O MPPT funciona com um algoritmo muito simples, que consiste em perturbar a operação dos módulos, alterando intencionalmente a tensão nos seus terminais, e observar o que acontece com a potência fornecida.

No Gráfico 5.1 vemos inicialmente o inversor aumentando a tensão de saída dos módulos. Com uma certa frequência o inversor provoca uma mudança de tensão no sentido crescente, observando o aumento da potência fornecida pelos módulos fotovoltaicos. Como o objetivo é maximizar a potência, o inversor continua aumentando a tensão nesse sentido, pois observa que a potência aumenta, passo a passo, após cada perturbação.

Gráfico 5.1 – Funcionamento do sistema de MPPT com o algoritmo de perturbação e observação. A tensão dos módulos fotovoltaicos é perturbada, sendo aumentada e diminuída, em busca do ponto de máxima potência

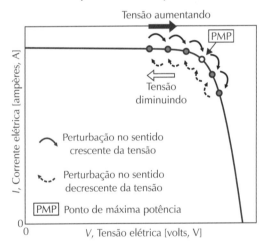

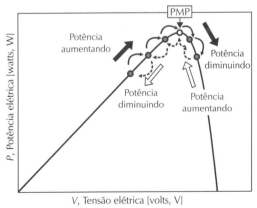

Em um dado instante, quando o ponto de máxima potência do módulo é ultrapassado, a perturbação proporciona o efeito contrário da redução da potência. Nesse momento o algoritmo do inversor percebe que a perturbação da tensão no sentido crescente deve ser interrompida e inicia a perturbação no sentido contrário, sempre observando o que acontece com a potência.

Quando está nas proximidades do ponto de máxima potência, o algoritmo faz o inversor perturbar a tensão dos módulos fotovoltaicos, fazendo o ponto de operação andar para cima e para baixo e rodear o joelho da curva $I \times V$ e o pico da curva $P \times V$, como ilustrado no Gráfico 5.1.

Na prática os incrementos ou decrementos de tensão são muito pequenos, então se considera que o ponto de máxima potência foi atingido quando o algoritmo encontra uma situação de estabilidade e as perturbações acontecem em volta do pico de potência do módulo, ou do conjunto de módulos fotovoltaicos.

Os métodos de MPPT são vulneráveis à presença de sombras parciais nos módulos fotovoltaicos, o que pode comprometer a eficiência global do sistema conectado à rede elétrica.

A Figura 5.24 mostra uma situação de sombreamento parcial à qual é submetido um conjunto de módulos fotovoltaicos 4 x 4, com quatro módulos em série por *string* e quatro *strings* paralelos. Neste exemplo dois módulos estão recebendo pouca luz e o conjunto todo é afetado.

Observa-se na curva de potência, Figura 5.24, a presença de dois pontos máximos, um global e um local. O algoritmo de MPPT não consegue distinguir esses dois pontos e pode fazer o sistema operar no máximo local, que não corresponde à máxima potência que poderia ser extraída do conjunto com essa condição de radiação solar irregular.

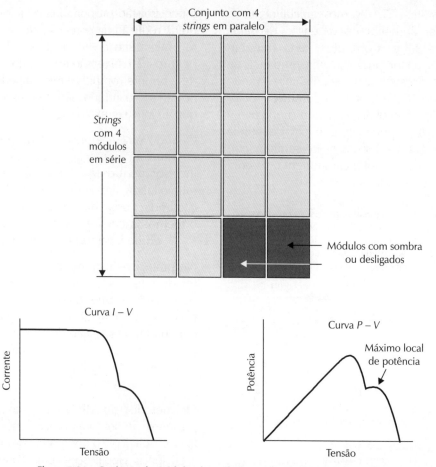

Figura 5.24 – Conjunto de módulos fotovoltaicos com sombreamento parcial.

Uma estratégia para contornar o fenômeno do sombreamento parcial é utilizar mais de um rastreador MPPT, fazendo com que cada grupo de módulos solares seja conectado ao seu próprio rastreador. Isso é conseguido com os inversores que têm mais de uma entrada com MPPT, como ilustra a Figura 5.25.

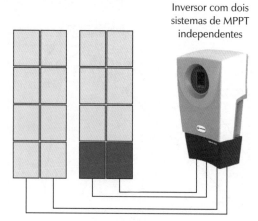

Figura 5.25 – Conjuntos de módulos fotovoltaicos conectados às entradas do inversor com dois sistemas de MPPT independentes.

Dessa forma, se um dos conjuntos estiver em condição inferior de iluminação, os outros conjuntos não são afetados, como ilustra a Figura 5.26. Como ambos os conjuntos operam em seu ponto de máxima potência, graças à presença de dois sistemas de MPPT independentes, o sistema como um todo opera com potência máxima nessa condição.

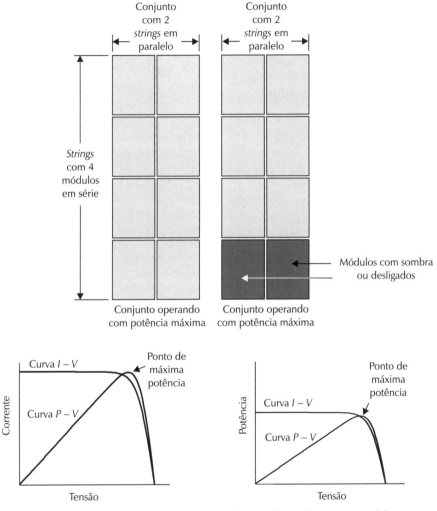

Figura 5.26 – Módulos fotovoltaicos em situação de sombreamento parcial com sistemas de MPPT independentes. Cada conjunto pode operar em seu ponto de máxima potência, maximizando a produção de energia do sistema como um todo.

O recurso de múltiplos sistemas de MPTT está disponível em alguns dos modelos de inversores comerciais voltados para sistemas de micro e minigeração. Os inversores de potência muito pequena não apresentam esse recurso, tampouco os inversores para alta potência para usinas de energia solar.

No caso dos inversores de pequena potência, não se justifica o uso de múltiplos sistemas de MPPT devido à pequena quantidade de módulos solares presentes nos conjuntos. A presença de mais de um sistema de MPPT em inversores de pequeno porte tornaria os inversores desnecessariamente complexos e seu custo elevado. O custo do inversor não justificaria o benefício do aumento da produção da energia de um conjunto com poucos módulos.

No caso dos inversores de alta potência, esse recurso não é necessário devido ao elevado custo que representaria para a construção dos inversores e pelo fato de que a aplicação desses inversores ocorre em grandes usinas que são construídas em locais abertos, onde a possibilidade de ocorrer sombras sobre os módulos é muito reduzida.

A Figura 5.27 mostra uma situação em que um módulo fotovoltaico é submetido a uma condição irregular de insolação, com sombreamento parcial de apenas algumas células. Também nesse caso, assim como no sombreamento parcial de um conjunto de módulos, as curvas de potência e corrente apresentam-se irregulares e podem possuir vários máximos de potência, o que acarreta a degradação da eficiência do sistema fotovoltaico.

Figura 5.27 – Módulo solar fotovoltaico submetido a sombreamento parcial.

5.6.4 Detecção de ilhamento e reconexão automática

Uma função necessária e obrigatória em inversores usados em sistemas fotovoltaicos conectados à rede elétrica é o recurso de detecção do ilhamento ou anti-ilhamento (anti-islanding).

Esse recurso, exigido pelas normas que regem a conexão dos sistemas fotovoltaicos à rede elétrica, é necessário para garantir a segurança de pessoas, equipamentos e instalações nas situações de interrupção do fornecimento de energia da rede elétrica pública.

A Figura 5.28 ilustra uma situação de ilhamento de sistema fotovoltaico, na qual o fornecimento de energia da rede elétrica à instalação local é interrompido.

Nessa situação a instalação elétrica encontra-se ilhada e, se não houver um sistema de anti-ilhamento para fazer a desconexão do inversor, o sistema fotovoltaico pode continuar alimentando sozinho os consumidores locais, energizando indevidamente a rede elétrica à qual está conectado, o que não é permitido devido aos riscos que isso representa para pessoas que realizam manutenção na rede ou para outros equipamentos que estão conectados à mesma rede.

A menos que a instalação elétrica local passe a ser alimentada por um sistema de microrrede, com a presença de um inversor do tipo empregado em sistemas autônomos, que fornecem tensão para o estabelecimento de uma rede elétrica própria, isolada da rede pública, a exigência é que o inversor para a conexão à rede seja desconectado ou desligado.

O inversor para a conexão à rede elétrica deve desconectar-se da rede mesmo que o sistema fotovoltaico seja supostamente capaz de suprir a demanda de energia dos consumidores locais, de modo que, hipoteticamente, o sistema fotovoltaico não perceba a ausência da alimentação da rede elétrica.

O recurso de anti-ilhamento ou de detecção de ilhamento é necessário para evitar acidentes quando a alimentação da rede é restabelecida (evitando a conexão fora de fase entre o conversor e a rede) e para garantir a segurança de pessoas durante intervenções para manutenção na rede (dessa forma assegura-se que a rede está totalmente desligada).

A Figura 5.29 ilustra uma situação de risco com sistema fotovoltaico ilhado. A eletricidade da rua foi desligada pela concessionária para manutenção, mas uma das residências possui um sistema fotovoltaico que continua indevidamente conectado à rede, estabelecendo um nível de tensão na rede que pode colocar em risco os técnicos de manutenção.

Na ocorrência de falhas da rede elétrica ou desligamento intencional programado, o sistema de anti-ilhamento deve ser capaz de perceber rapidamente, com o uso de técnicas sofisticadas, a ausência de alimentação da rede elétrica e automaticamente desligar ou desconectar o inversor.

Devido às exigências das normas internacionais e das normas adotadas em países individualmente, o sistema de anti-ilhamento está presente em todos os inversores comerciais para sistemas fotovoltaicos conectados à rede elétrica.

Os algoritmos de anti-ilhamento utilizados pelos fabricantes podem variar, mas todos precisam atender os procedimentos de teste adotados pelas normas. A norma ABNT NBR IEC 62116:2012, que foi implantada no Brasil no início do ano de 2012, trata dos procedimentos de ensaio de anti-ilhamento para inversores de sistemas fotovoltaicos conectados à rede elétrica. Em breve será exigido que os inversores comercializados no País sejam certificados e homologados de acordo com os critérios existentes nessa norma.

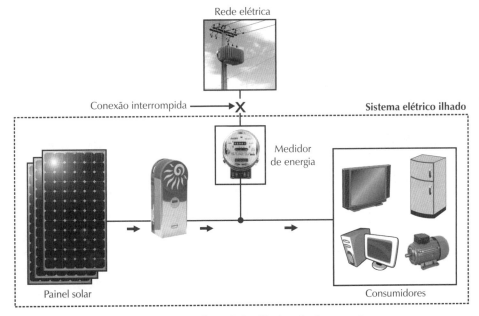

Figura 5.28 – Sistema fotovoltaico ilhado: não deve acontecer.

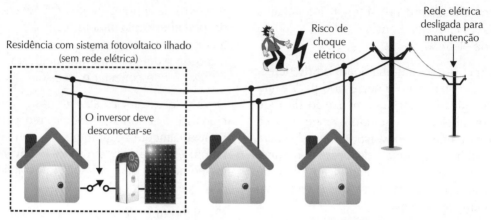

Figura 5.29 – Situação de risco de um sistema fotovoltaico ilhado.

5.6.5 Isolação com transformador

Tipos de isolação

Os inversores para sistemas conectados à rede elétrica podem possuir ou não um transformador de isolação, como mostra a Figura 5.30. A presença do transformador torna o sistema fotovoltaico mais seguro, pois possibilita a isolação completa entre o lado CC (módulos fotovoltaicos) e o lado CA (rede elétrica), impedindo a circulação de correntes de fuga entre os módulos e a rede e oferecendo segurança adicional em caso de falha de equipamentos, curtos-circuitos e mesmo na ocorrência de transientes da rede elétrica que podem afetar os inversores.

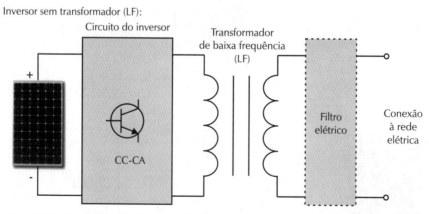

Figura 5.30 – Tipos de inversores segundo a presença ou ausência de isolação elétrica: com transformador de baixa frequência, com transformador de alta frequência e sem transformador. (continua)

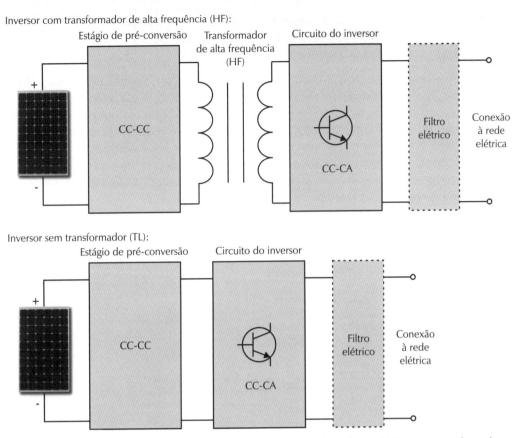

Figura 5.30 – Tipos de inversores segundo a presença ou ausência de isolação elétrica: com transformador de baixa frequência, com transformador de alta frequência e sem transformador. (continuação)

Um aspecto importante nos inversores com transformador é a localização desse dispositivo: no estágio de pré-conversão CC (transformador de alta frequência) ou na saída do estágio CA (transformador na frequência da rede elétrica ou de baixa frequência), como visto na Figura 5.30.

Os inversores com transformador de baixa frequência são os mais comuns no mercado. Em geral são mais eficientes do que os inversores com transformador de alta frequência, porém são mais pesados e volumosos devido à presença de um transformador toroidal, como os mostrados na Figura 5.31, que é conectado à saída do inversor. Em alguns catálogos de fabricantes esse tipo de inversor é descrito com as letras LF (*Low Frequency*), indicando que se trata de um inversor com transformador de baixa frequência.

Transformadores toroidais de baixa frequência

Transformadores de alta frequência

Figura 5.31 – Transformadores de baixa e alta frequências empregados nos inversores.

Os inversores com transformadores de alta frequência, como os mostrados na Figura 5.31, tendem a ser mais compactos e leves, com uma ligeira perda de eficiência. São geralmente identificados nos catálogos dos fabricantes com as letras HF (*High Frequency*).

Finalmente, os inversores sem transformador, que costumam ser identificados nos catálogos com as letras TL (*transformerless*), são os mais leves, compactos e eficientes. Essa tecnologia de inversores foi a última a ser desenvolvida e autorizada para a utilização nos países que iniciaram o uso dos sistemas fotovoltaicos conectados à rede elétrica. Atualmente os inversores sem transformador são certificados pelas normas internacionais e oferecem os mesmos recursos e a mesma segurança que seus semelhantes com transformador. A Figura 5.32 mostra dois exemplos de inversores comerciais com e sem transformador e seus respectivos circuitos internos encontrados no catálogo do fabricante.

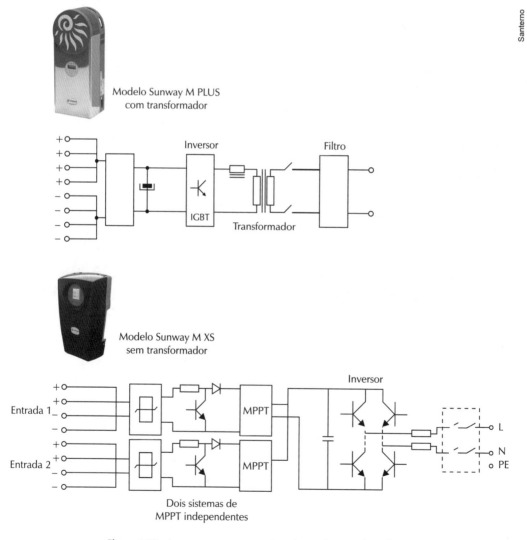

Figura 5.32 – Inversores com e sem transformador e os desenhos dos circuitos internos fornecidos no catálogo do fabricante.

Isolação com transformador para módulos de filmes finos

A isolação com transformador também facilita o aterramento dos módulos fotovoltaicos, principalmente nos sistemas baseados em módulos de filmes finos, que necessitam, conforme a tecnologia empregada, ter os terminais positivo ou negativo do conjunto de módulos aterrado para evitar a degradação das células fotovoltaicas.

Normalmente os módulos fotovoltaicos devem ter suas estruturas de alumínio conectadas ao terra da instalação, entretanto os módulos de filmes finos são um caso especial, pois os terminais elétricos dos conjuntos de módulos são também aterrados.

Nesses casos é recomendável o emprego de um inversor com isolação por transformador ou um inversor sem transformador que tenha sido projetado especificamente para aplicação com módulos de filmes finos. O fabricante do inversor deve ser consultado sobre a adequação do produto à tecnologia de filmes finos e sobre os requisitos necessários para a instalação de sistemas desse tipo.

Alguns fabricantes oferecem acessórios (kits de aterramento) que devem ser adquiridos separadamente e instalados nos inversores para realizar o aterramento correto dos módulos de filmes finos.

5.7 Requisitos para a conexão de sistemas fotovoltaicos à rede elétrica

Muitas normas e procedimentos já existem em outros países e os requisitos estabelecidos no Brasil observam a experiência já acumulada em muitos anos de estudos e construção de sistemas fotovoltaicos nesses países.

A literatura internacional frequentemente faz referência às recomendações do IEEE (organismo dos Estados Unidos) e do IEC (organismo que tem mais de 60 países membros, incluindo União Europeia, Estados Unidos, Canadá, China, Coreia e Austrália).

Em complemento aos padrões definidos por esses dois organismos, existem regulamentos próprios definidos em alguns países. Embora muitos países já tenham uma indústria fotovoltaica consolidada, com milhares de sistemas fotovoltaicos conectados à rede em operação, os estudos para a padronização e regulamentação dos sistemas fotovoltaicos conectados à rede elétrica estão em constante evolução.

Atualmente, apenas nos organismos IEC e IEEE existem cerca de 30 normas ou recomendações que tratam dos materiais e equipamentos para sistemas fotovoltaicos. A lista seguinte cita alguns dos documentos mais importantes e diretamente relacionados aos inversores conectados à rede.

- **IEEE 1547:** *Standard for interconnecting distributed resources with electric power systems* - padrão para a conexão de recursos distribuídos com a rede elétrica.

- **IEEE 929-2000:** *Recommended practice for utility interface of photovoltaic (PV) systems* - prática recomendada para a conexão com a rede de sistemas fotovoltaicos.

- **IEC 61727:** *Characteristics of the utility interface* - características da rede elétrica no ponto de conexão.

- **IEC 62116:** *Testing procedure of islanding prevention methods for utility-interactive photovoltaic inverters* - procedimento de teste de métodos de detecção de ilhamento para inversores fotovoltaicos conectados à rede elétrica.

- **VDE 0126-1-1:** *Automatic disconnection device between a generator and the public low-voltage grid* - desconexão automática de geradores da rede elétrica pública de baixa tensão.

Os documentos citados abordam assuntos como as características de aterramento e isolação, qualidade de energia elétrica (conteúdo harmônico e limite de injeção de corrente contínua na rede), proteção contra ilhamento (segurança da conexão com a rede) e outros assuntos relacionados com a tecnologia fotovoltaica e com a tecnologia de inversores eletrônicos. A seguir se encontra um resumo dos requisitos a que os inversores para sistemas fotovoltaicos conectados à rede devem atender.

5.7.1 Tensão de operação

O inversor conectado à rede elétrica de baixa tensão realiza apenas o controle da corrente fornecida, não devendo exercer nenhum controle sobre a tensão da rede.

Os parâmetros de tensão fornecidos pelas normas dizem respeito às tensões máxima e mínima com as quais o inversor deve ser capaz de operar. O inversor deve desconectar-se quando condições anormais de tensão são detectadas, com diferentes tempos de desconexão para faixas distintas de tensão.

As normas IEEE 1547 (norte-americana), IEC 61727 (internacional) e VDE 0126-1-1 (alemã) possuem diferentes requisitos com relação ao comportamento do inversor na presença de distúrbios na tensão da rede, conforme mostram as tabelas a seguir.

Tabela 5.3 – Tempos de desconexão do inversor da rede elétrica na ocorrência de distúrbios de tensão - norma IEC 61727

Faixa de tensão (% do valor nominal)	Tempo de desconexão (s)
V < 50	0,1
50 ≤ V < 85	2,0
85 ≤ V ≤ 110	Operação normal
110 < V < 135	2,0
V ≥ 135	0,05

Tabela 5.4 – Tempo de desconexão do inversor da rede elétrica na ocorrência de distúrbios de tensão - norma VDE 0126-1-1

Faixa de tensão (% do valor nominal)	Tempo de desconexão (s)
V ≤ 85, V ≥ 110	0,2

Tabela 5.5 – Tempos de desconexão do inversor da rede elétrica na ocorrência de distúrbios de tensão - padrão IEEE 1547

Faixa de tensão (% do valor nominal)	Tempo de desconexão (s)
V < 50	0,16
50 ≤ V ≤ 88	2,0
110 ≤ V ≤ 120	1,0
V > 120	0,16

5.7.2 Frequência de operação

A corrente que o inversor injeta na rede elétrica é sincronizada com a tensão da rede, o que significa que a frequência de operação do inversor é rigorosamente a mesma da rede. No Brasil essa frequência é de 60 Hz.

As recomendações sobre a frequência de operação do inversor dizem respeito aos limites inferior e superior de frequência dentro dos quais o inversor pode operar.

Quando a rede apresenta frequências fora desses limites, o inversor deve desconectar-se, pois variações de frequência são um indicativo de falha da rede ou de ilhamento do sistema fotovoltaico. A verificação da frequência da tensão da rede é o primeiro requisito (necessário, mas não suficiente) para a detecção da condição de ilhamento do sistema fotovoltaico.

A norma internacional IEC diz que o desvio máximo de frequência permitido é de ±1 Hz, enquanto o padrão norte-americano IEEE permite a operação do inversor dentro do intervalo de 59,3 Hz a 60,5 Hz. As faixas de frequência para a operação do inversor podem variar de uma norma para outra e de um país para outro, mas geralmente as variações de frequência permitidas são muito pequenas.

5.7.3 Minimização da injeção de corrente contínua na rede elétrica

A injeção de corrente contínua pelo inversor pode ocorrer devido à assimetria entre os semiciclos positivo e negativo da corrente produzida pelo inversor. Essa assimetria, causada por diferenças nas larguras dos pulsos da tensão chaveada na saída do inversor, deve ser monitorada e mantida dentro do limite recomendado.

O padrão IEEE 1547 prevê um limite de corrente contínua de 0,5% da corrente nominal do conversor, enquanto o limite da norma IEC 61727 é de 1%.

A norma VDE 0126-1-1 não regulamenta o limite em termos de porcentagem da corrente nominal, prevendo um limite absoluto de 1 A e um tempo de desconexão máximo de 0,2 s caso o valor da corrente CC exceda o limite.

Os documentos IEEE 1574 e IEC 61727 mencionam que a monitoração da corrente CC injetada deve ser feita por meio de análise harmônica (FFT) e não têm recomendação quanto ao tempo máximo de desconexão.

5.7.4 Distorção harmônica de corrente admissível

A distorção harmônica total (DHT ou THD, *Total Harmonic Distortion*) da corrente injetada pelo inversor na rede elétrica não pode ser superior a 5%. Além dessa recomendação geral, as normas IEE 1574 e IEC 61727 ainda preveem limites máximos para diversas faixas de frequências harmônicas, conforme a Tabela 5.6.

A Figura 5.33 compara uma corrente elétrica com elevada distorção harmônica e uma corrente elétrica com forma de onda senoidal pura. Além de reduzir a eficiência do inversor, a corrente distorcida produz interferências eletromagnéticas e distúrbios na operação de outros equipamentos ligados à rede. Inversores de baixa qualidade e baixo custo, que produzem correntes de saída distorcidas, como a mostrada na figura, além de não serem permitidos e não serem homologados de acordo com as normas, devem ser rejeitados pelo consumidor.

Tabela 5.6 – Limites de conteúdo harmônico de corrente (% da corrente fundamental)

Harmônicas	Limite
DHT (distorção harmônica total)	5%
3ª a 9ª	4%
11ª a 15ª	2%
17ª a 21ª	1,5%
23ª a 33ª	0,6%
acima da 33ª	0,3%
Harmônicas pares	25% dos valores acima

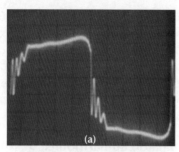
Corrente elétrica com elevada distorção harmônica

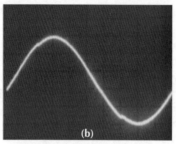
Corrente elétrica com forma de onda senoidal pura

Figura 5.33 – (a) Corrente elétrica distorcida e (b) corrente senoidal pura visualizadas com um osciloscópio.

5.7.5 Fator de potência

Em geral os inversores fotovoltaicos de pequena potência, como os empregados nos sistemas de microgeração e minigeração, não podiam fornecer potência reativa à rede elétrica, devendo trabalhar rigorosamente com fator de potência unitário, ou seja, injetando apenas potência ativa na rede. Se observarmos as características dos inversores da maior parte dos fabricantes, vamos perceber que todos os equipamentos são especificados para operação com fator de potência igual a 1.

Até então somente os inversores centrais de grande potência, empregados em usinas de energia solar e conectados a redes elétricas de alta tensão, tinham a habilidade de controlar o fator de potência e participar do controle dos sistemas elétricos de potência. Para sistemas fotovoltaicos em baixa tensão isso não era necessário e nem mesmo era permitido. A norma IEC 61727, por exemplo, exigia que em qualquer circunstância o fator de potência fosse indutivo e não inferior a 0,85 (para inversor operando com mais de 10% da potência nominal) ou 0,90 (para inversor operando com mais de 50% da potência nominal).

Entretanto, esse cenário vem sendo alterado, e alguns países já exigem que os inversores, mesmo aqueles empregados em microgeração, sejam controlados através de redes inteligentes (smart grids) para que possam cooperar com o controle da tensão e da estabilidade das redes elétricas de distribuição. Os inversores para a conexão à rede estão deixando de ser exclusivamente fornecedores de potência ativa e passando a fornecer também potência reativa, de forma controlada, às redes elétricas de distribuição.

5.7.6 Atuação na detecção do ilhamento

De acordo com as normas para a conexão à rede elétrica, o inversor deve ser capaz de desconectar-se da rede quando o sistema fotovoltaico fica ilhado. Os documentos IEEE 1574, IEEE 929, IEC 62116 (adotado no Brasil), VDE 0126-1-1 possuem recomendações a esse respeito e definem procedimentos de teste usados na verificação do desempenho do sistema anti-ilhamento.

A literatura que explora o assunto do ilhamento é vasta, e deverão ainda surgir normas mais refinadas sobre esse assunto, que é uma das maiores preocupações com relação à segurança dos geradores distribuídos de pequena potência conectados à rede elétrica.

Um dos parâmetros analisados para a detecção do ilhamento é o desvio de frequência, entretanto não serve como único indicador da existência de ilhamento. Estudos sobre métodos sofisticados de detecção do ilhamento, capazes de abranger a maior parte das situações, reduzindo o tamanho da chamada zona de não detecção, podem ser encontrados na literatura científica.

Qualquer que seja o método empregado, os documentos IEEE 1574, IEEE 929 e IEC 62116 obrigam a desconexão do conversor 2 s após a constatação do ilhamento. A norma VDE 0126-1-1 prevê a desconexão após 5 s. Após o ilhamento, depois de um intervalo mínimo de desconexão (norma IEC 61727) e após o restabelecimento das condições normais de tensão e frequência da rede, o conversor deve automaticamente reconectar-se e sincronizar-se com a tensão da rede elétrica.

A Tabela 5.7 mostra os diferentes requisitos para a reconexão do inversor à rede após a ocorrência do ilhamento.

Tabela 5.7 – Condições para reconexão do inversor após a ocorrência do ilhamento

Norma	IEE 1547	IEC 61727
Tensão (%)	88 < V < 110	85 < V < 110
Frequência	59,3 < f < 60,5	fn − 1 < f < fn+1
Intervalo	-	3 minutos

5.7.7 Normas brasileiras

Os requisitos para a conexão de sistemas fotovoltaicos à rede elétrica já estão bem definidos no Brasil. O primeiro passo para o estabelecimento dos critérios e regulamentos da geração fotovoltaica conectada à rede de distribuição de baixa tensão foi a publicação da norma ABNT NBR IEC 62116,

intitulada "Procedimento de ensaio de anti-ilhamento para inversores de sistemas fotovoltaicos conectados à rede elétrica".

Em seguida foram elaboradas as normas ABNT NBR 16149, 16150 e 16274, que falam sobre os requisitos e os procedimentos de avaliação da segurança dos sistemas fotovoltaicos conectados à rede elétrica. Em complementação às normas brasileiras existem procedimentos técnicos elaborados pelas companhias de eletricidade. Esses procedimentos mostram os critérios de aceitação e os cuidados técnicos que devem ser tomados pelos acessantes, como são chamados os usuários que desejam conectar um sistema próprio de geração à rede da concessionária de eletricidade.

5.8 Inversores comerciais para sistemas fotovoltaicos conectados à rede elétrica

5.8.1 Inversores centrais para usinas e sistemas de minigeração

Os fabricantes de inversores disponibilizam os chamados inversores centrais, que são grandes inversores que podem ser alimentados por um grande número de módulos fotovoltaicos. São inversores trifásicos usados em usinas de energia solar fotovoltaica, com potências de 1 MW até vários megawatts, e sistemas de minigeração, com potências de 100 kW a 1 MW.

A seguir são apresentados alguns inversores da linha Sunway TG da Santerno. São equipamentos trifásicos com potências que variam de 13 kW a 770 kW.

A Figura 5.34 ilustra os inversores das linhas Sunway TG 600V e TG 800V, com potências de pico entre 13 kW e 118 kW. Além dessas, existem ainda as linhas TG 600 V TE e TG 800 V TE, com potências entre 158 kW e 650 kW. A Figura 5.35 ilustra o inversor da linha Sunway TG 900V TE, com potência de pico de 770 kW. Esse é o modelo de maior potência oferecido pela Santerno.

As Tabelas 5.8 e 5.9 apresentam as características dos inversores Santerno da linha Sunway TG 600 V, com potências nominais de entrada de 13 kW a 39 kW.

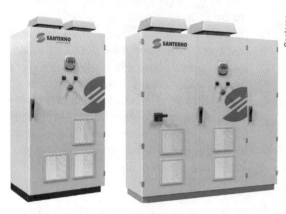

Figura 5.34 – Inversores Sunway TG 600 V (à esquerda) e TG 800V (à direita).

Figura 5.35 – Inversor Sunway TG 900 V TE.

Tabela 5.8 – Características dos inversores Sunway TG 600 V - parte 1

Características do produto	
Range de tensão campo fotovoltaico	315 Vdc a 630 Vdc
Máxima tensão de circuito aberto do campo	740 Vcc
Tensão de saída	400 Vca +/– 15%
Frequência de saída	60 Hz
Tensão de ripple restante no campo fotovoltaico	< 1%
Distorção total da corrente de rede	≤ 3%
Cos φ	1
Grau de proteção	IP44
Temperatura de funcionamento	–10 °C a +40 °C
Umidade relativa	95% máx.
Resfriamento com ventilação forçada	Temperatura controlada
Consumo noturno inversor	< 20 W em ausência de datalogger
Tensão de isolamento para terra e entre entrada e saída	2,5 kV
Proteção térmica	Integrada
Proteção contra sobretensões CC (SPD)	Sim

Tabela 5.9 – Características dos inversores Sunway TG 600 V - parte 2

Características técnicas	TG 14 600 V	TG 19 600 V	TG 26 600 V	TG 42 600 V
Valores de entrada				
Potência de pico sugerida de campo FV	13 kWp	17 kWp	24 kWp	39 kWp
Potência nominal de entrada em CC	11,2 kW	15,1 kW	21,1 kW	34,4 kW
Corrente nominal de entrada	31,4 A(CC)	42,6 A(CC)	60,6 A(CC)	97,4 A(CC)
Valores de saída				
Potência máxima de saída	11,7 kW	15,9 kW	22 kW	36 kW
Potência nominal de saída	10,6 kW	14,4 kW	20,0 kW	32,8 kW
Corrente nominal de saída	15,3 A(CA)	20,8 A(CA)	28,9 A(CA)	47,3 A(CA)
Rendimento				
Rendimento máximo	95,3%	96,0%	95,9%	96,1%
Rendimento europeu	93,8%	94,8%	94,5%	94,8%
Dados mecânicos				
Dimensões (LxAxP)	800x1616x600 mm	800x1616x600 mm	800x1616x600 mm	800x1866x600 mm
Peso	260 kg	280 kg	340 kg	450 kg

5.8.2 Inversores para minigeração e microgeração

Inversores para microgeração, usados em sistemas fotovoltaicos com potência instalada de até 100 kW, estão disponíveis no mercado em versões monofásicas com diversos valores de potência, variando de algumas centenas de watts até alguns quilowatts.

Esses inversores são indicados para sistemas fotovoltaicos residenciais, comerciais e industriais que possuem potência instalada de geração de até algumas dezenas de quilowatts, podendo ser usados em sistemas de microgeração e minigeração.

Dependendo do tamanho do sistema, vários inversores são empregados em paralelo, conectados a redes monofásicas ou trifásicas. A seguir vamos analisar alguns modelos de inversores para essas aplicações.

Inversores sem transformador

Os inversores da linha Sunway M XS da Santerno são equipamentos monofásicos sem transformador, com potências que variam de 2,4 kW a 9 kW. As Tabelas 5.16 a 5.19 apresentam suas características.

Figura 5.36 – Inversores Sunway M XS sem transformador.

Tabela 5.10 – Características dos inversores Sunway M XS - parte 1

Características do produto	M XS 2200/3000/3800 TL
Range de tensão do MPPT	125 Vcc a 480 Vcc
Máxima tensão CC	580 Vcc
Número máx. strings de entrada	4
Número máx. canais MPPT independentes	2 (1 para M XS 2200)
Tensão de rede	230 Vca +/– 15%
Frequência de rede	50 Hz
Distorção total da corrente de rede	≤3%
Grau de proteção	IP65
Range de temperatura	–25 °C a +45 °C
Umidade relativa	95% máx.
Consumo em stop	< 10 W
Proteção térmica	Integrada
Consumo noturno	< 25 W

Tabela 5.11 – Características dos inversores Sunway M XS - parte 2

Características do produto	M XS 5000/6000/7500 TL
Range de tensão do MPPT	330 Vcc a 700 Vcc
Máxima tensão CC	845 Vcc
Número máx. strings de entrada	4
Número máx. canais MPPT independentes	1
Tensão de rede	230 Vca +/– 15%
Frequência de rede	50 Hz
Distorção total da corrente de rede	≤3%
Grau de proteção	IP65
Range de temperatura	–25 °C a +45 °C
Umidade relativa	95% máx.
Consumo em stop	< 10 W
Consumo noturno	< 0,25 W

Sistemas Fotovoltaicos Conectados à Rede Elétrica

Tabela 5.12 – Características dos inversores Sunway M XS - parte 3

Características técnicas	M XS 2200 TL	M XS 3000 TL	M XS 3800 TL
Valores de entrada @ 40 ºC			
Potência de pico sugerida de campo FV	2400 Wp	3600 Wp	4500 Wp
Potência nominal de entrada em CC	2324 W	3220 W	3995 W
Corrente máxima de entrada	12,5 A(CC)	20 A(CC)	25 A(CC)
Número de rastreadores MPPT independentes	1	2	2
Valores de saída @ 40 ºC			
Potência máxima de saída	2428 W	3349 W	4175 W
Potência nominal de saída	2208 W	3059 W	3795 W
Corrente nominal de saída	9,6 A(CA)	13,3 A(CA)	16,5 A(CA)
Rendimentos			
Rendimento máximo	95,5%	95,5%	95,5%
Rendimento europeu	94,6%	94,6%	94,6%
Dados mecânicos			
Dimensões (LxAxP)	338x570x218 mm	338x570x218 mm	338x570x218 mm
Peso	15 kg	18 kg	18 kg
Sistema de resfriamento	Natural	Natural	Ventilação forçada

Tabela 5.13 – Características dos inversores Sunway M XS - parte 4

Características técnicas	M XS 5000 TL	M XS 6000 TL	M XS 7500 TL
Valores de entrada @ 40 ºC			
Potência de pico sugerida de campo FV	6000 Wp	7000 Wp	9000 Wp
Potência nominal de entrada em CC	5326 W	6295 W	7990 W
Corrente máxima de entrada	17 A(CC)	20 A(CC)	25 A(CC)
Número de rastreadores MPPT independentes	1	1	1
Valores de saída @ 40 ºC			
Potência máxima de saída	5566 W	6578 W	8349 W
Potência nominal de saída	5060 W	5980 W	7590 W
Corrente nominal de saída	22,0 A(CA)	26,0 A(CA)	33,0 A(CA)
Rendimentos			
Rendimento máximo	95,8%	96,5%	97,1%
Rendimento europeu	94,7%	94,7%	94,9%
Dados mecânicos			
Dimensões (LxAxP)	414x703x260 mm	414x703x260 mm	414x703x260 mm
Peso	31 kg	35 kg	35 kg
Sistema de resfriamento	Natural	Ventilação forçada	Ventilação forçada

Inversores com transformador

Os inversores da linha Sunway M PLUS da Santerno, apresentados nas Figuras 5.37 e 5.38, são equipamentos monofásicos equipados com transformador isolador de baixa frequência. Estão disponíveis em modelos com potências que variam de 1,2 kW a 7,1 kW. As Tabelas 5.20 a 5.22 apresentam suas características.

Figura 5.37 – Inversores Sunway M PLUS com transformador.

Figura 5.38 – Vista de um inversor Sunway M PLUS aberto. A caixa redonda na parte superior do equipamento aloja o transformador de isolação toroidal.

Tabela 5.14 – Características dos inversores Sunway M MPLUS - parte 1

Características do produto	
Range de tensão do campo fotovoltaico auxiliar	24 Vcc a 486 Vcc
Tensão máxima em contínua aplicável ao inversor	600 Vcc
Ripple em CC	< 3%
Número máximo de *strings* MPPT1	4
Número máximo de *strings* MPPT2	2
Revelador de dispersão para terra	Sim
Varistores de proteção	Sim
Tensão de rede	230 Vca +/– 15%
Frequência de rede	50/60 Hz
Distorção total da corrente de rede	≤ 3%
Cos φ	1
Temperatura de funcionamento	–25 °C a +60 °C
Umidade relativa	95% máx.
Consumo em *stop*/Consumo noturno	8 W/0 W
Tensão de isolamento para terra e entre entrada e saída	2,5 kV
Proteção térmica integrada	Sim

Sistemas Fotovoltaicos Conectados à Rede Elétrica

Tabela 5.15 – Características dos inversores Sunway M MPLUS - parte 2

Características técnicas	M Plus 1300 E	M Plus 2600 E	M Plus 3600	M Plus 3600 E	M Plus 4300
Valores de entrada					
Potência de pico sugerida de campo FV	1263 Wp	2410 Wp	3310 Wp	3310 Wp	3950 Wp
Potência nominal de entrada em CC	1119 W	2140 W	2930 W	2930 W	3470 W
Corrente nominal de entrada MPPT1	12 A(CC)	14 A(CC)	11,5 A(CC)	18,8 A(CC)	13,8 A(CC)
Corrente nominal de entrada MPPT2	-	10 A(CC)	10 A(CC)	10 A(CC)	10 A(C)
Range de tensão do campo fotovoltaico principal	105 Vcc a 380 Vcc	156 Vcc a 585 Vcc	260 Vcc a 585 Vcc	156 Vcc a 585 Vcc	260 Vcc a 585 Vcc
Valores de saída					
Potência máxima de saída	1138 W	2210 W	3040 W	3040 W	3620 W
Potência nominal de saída	1035 W	2010 W	2760 W	2760 W	3290 W
Corrente nominal de saída	4,5 A(CA)	8,7 A(CA)	12 A(CA)	12 A(CA)	14,3 A(CA)
Rendimento					
Rendimento máximo	92,5%	94%	94%	94,5%	95%
Rendimento europeu	91,8%	92,6%	92,6%	93,1%	94,1%
Dados mecânicos					
Dimensões (LxAxP)	290x710x230 mm	290x710x230 mm	290x710x230 mm	290x710x230 mm	290x710x230 mm
Peso	39 kg	42 kg	45 kg	55 kg	45 kg
Grau de proteção	IP65	IP65	IP65	IP65	IP65
Método de resfriamento	Natural	Natural	Natural	Ventilação forçada	Natural

Tabela 5.16 – Características dos inversores Sunway M MPLUS - parte 3

Características técnicas	M Plus 4300 E	M Plus 5300 E	M Plus 6400	M Plus 7800 E
Valores de entrada				
Potência de pico sugerida de campo FV	3950 Wp	4920 Wp	5880 Wp	7180 Wp
Potência nominal de entrada em CC	3470 W	4230 W	5060 W	6170 W
Corrente nominal de entrada MPPT1	22,3 A(CC)	16,9 A(CC)	20,4 A(CC)	25 A(CC)
Corrente nominal de entrada MPPT2	10 A(CC)	15 A(CC)	15 A(CC)	15 A(CC)
Range de tensão do campo fotovoltaico principal	156 Vcc a 585 Vcc	260 Vcc a 585 Vcc	260 Vcc a 585 Vcc	260 Vcc a 585 Vcc
Valores de saída				
Potência máxima de saída	3620 W	4510 W	5390 W	6580 W
Potência nominal de saída	3290 W	4100 W	4900 W	5980 W
Corrente nominal de saída	14,3 A(CA)	17,8 A(CA)	21,3 A(CA)	26 A(CA)
Rendimento				
Rendimento máximo	94,5%	97%	97%	97%
Rendimento europeu	93,1%	94,8%	95,1%	94,8%
Dados mecânicos				
Dimensões (LxAxP)	290x710x230 mm	290x710x230 mm	290x710x230 mm	290x710x247 mm
Peso	55 kg	55 kg	55 kg	63 kg
Grau de proteção	IP54	IP54	IP54	IP54
Método de resfriamento	Ventilação forçada	Ventilação forçada	Ventilação forçada	Ventilação forçada

A Figura 5.39 mostra a organização dos componentes internos do inversor Sunway M PLUS. Uma característica interessante desses inversores é a possibilidade de agregar um módulo opcional de entrada auxiliar, com estágio de conversão CC-CC e sistema de MPPT independentes do circuito principal do inversor. Essa entrada auxiliar permite a conexão de uma pequena quantidade de módulos fotovoltaicos ligados em baixa tensão.

Normalmente, quando se organiza uma instalação fotovoltaica para cobrir um telhado, por exemplo, alguns módulos ficam sobressalentes e não podem ser conectados ao conjunto principal. Esses módulos sobressalentes são instalados apenas por razões estéticas e permanecem desligados do sistema fotovoltaico. Com a entrada auxiliar do inversor Sunway M PLUS é possível conectar os módulos excedentes, aproveitando ao máximo o potencial de geração de energia da instalação fotovoltaica.

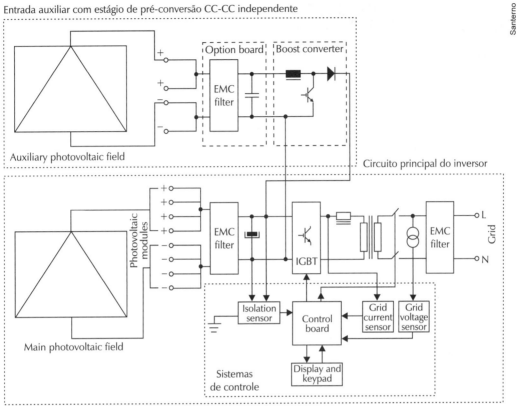

Figura 5.39 – Organização interna dos inversores Sunway M PLUS.

5.8.3 Microinversores

Existe uma categoria de inversores de pequena potência projetados especialmente para trabalhar com um único módulo fotovoltaico. Esses equipamentos, chamados microinversores, são muito usados em pequenos sistemas fotovoltaicos residenciais.

Eles diferem dos demais inversores pelo fato de serem pequenos e principalmente por poderem ser acoplados diretamente aos módulos fotovoltaicos. Normalmente são posicionados na parte traseira dos módulos e sua conexão à rede elétrica é muito simples.

O conjunto de um módulo e um microinversor acoplado é conhecido como "módulo CA integrado", ou seja, um módulo fotovoltaico que pode ser conectado diretamente à rede elétrica de corrente alternada. A Figura 5.40 mostra um microinversor instalado em um sistema fotovoltaico residencial.

Figura 5.40 – Microinversor usado para a conexão de um módulo fotovoltaico individual à rede elétrica.

5.9 Organização dos conjuntos fotovoltaicos

5.9.1 Ligação de módulos fotovoltaicos em série e em paralelo

Os módulos fotovoltaicos são combinados entre si através de ligações em série e em paralelo, de forma a criar conjuntos com maior capacidade de fornecimento de energia, com tensões e correntes maiores do que as produzidas por um painel individualmente.

Os módulos ligados em série constituem fileiras ou *strings*. Para minimizar as perdas de potência no sistema, apenas devem ser utilizados módulos do mesmo tipo.

O número de módulos ligados em série determina a tensão do conjunto fotovoltaico, que é a tensão aplicada aos terminais de entrada (lado CC) do inversor. Os inversores devem ser dimensionados para suportar a soma das tensões de circuito aberto dos módulos, que é a tensão de circuito aberto da fileira ou do *string*.

Normalmente os inversores para sistemas conectados à rede possuem tensões de entrada entre 200 V e 500 V, então são projetados para receber *strings* com vários módulos.

Para formar conjuntos de potência maior, de acordo com as necessidades do sistema ou de acordo com potência máxima do inversor empregado, colocam-se *strings* em paralelo. A corrente fornecida pelo conjunto todo é a soma das correntes fornecidas por cada *string* individualmente.

A ligação em paralelo de módulos individuais geralmente ocorre apenas nos sistemas isolados e não é empregada nos sistemas conectados à rede, exceto quando os inversores têm um nível baixo de tensão de entrada no lado CC (como é o caso da entrada auxiliar existente no inversor Sunway M PLUS, mostrada na Figura 5.39).

Para construir um conjunto fotovoltaico, em geral se dimensiona primeiramente o número de módulos que serão conectados em série em cada *string*, levando em conta a tensão admissível na entrada CC do inversor, escolhendo-se o número de painéis máximo e mínimo que podem ser empregados em série. Em seguida, de acordo com a potência do inversor ou com a potência desejada no sistema, escolhe-se o número de *strings* que serão conectados em paralelo.

5.9.2 Número de módulos em série no *string*

Cálculo inicial

O número de módulos que podem ser ligados em série na entrada de um inversor conectado à rede é determinado de acordo com a tensão máxima admissível na entrada CC e com a faixa de tensão útil do inversor. Ao determinar o número de módulos conectados em série, o projetista deve verificar as características do módulo no catálogo do fabricante.

Os valores da tensão de circuito aberto (V_{OC}) e da tensão de máxima potência (V_{MP}) do módulo devem ser multiplicados pelo número de módulos em série (N_S), e os valores resultantes devem estar de acordo com as características do inversor empregado, como mostra a Figura 5.41.

Recomenda-se que as tensões calculadas estejam 10% abaixo das tensões especificadas para o inversor, especialmente a tensão máxima admissível, pois variações de temperatura alteram a tensão de saída dos módulos. Na prática os valores de tensão serão diferentes daqueles calculados, então uma margem de segurança é necessária no dimensionamento.

Para projetos em localidades sujeitas a temperaturas rigorosamente baixas, deve-se levar em conta o coeficiente de variação da tensão de circuito aberto com a temperatura informado na folha de dados do fabricante. Geralmente nesses casos considera-se que a temperatura mais baixa obtida na operação do módulo será de –10 °C, o que corresponde a uma temperatura ambiente de cerca de –30 °C. Essa é uma consideração de projeto suficientemente segura para a maior parte das regiões do planeta e certamente para todas as regiões do Brasil.

O problema da variação de temperatura reside no fato de que em temperaturas mais baixas a tensão de circuito aberto dos módulos é maior, podendo exceder a tensão máxima admissível pelo inversor se o projeto não for cuidadosamente elaborado.

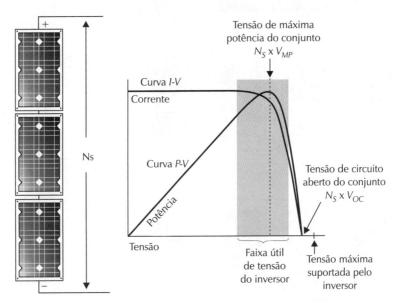

Figura 5.41 – Dimensionamento do conjunto fotovoltaico segundo o número de módulos em série, levando em conta a faixa de tensão útil e a tensão máxima admissível do inversor.

5.9.3 Sistemas fotovoltaicos modulares

Nos capítulos anteriores o leitor aprendeu que sombras e condições irregulares de iluminação em módulos e conjuntos de módulos prejudicam a produção de energia, pois quando parte das células de um módulo ou parte dos módulos de um conjunto está com menos luz do que os demais elementos, surgem diversos pontos possíveis de máxima potência, e nem sempre o sistema de MPPT do inversor consegue encontrar o ponto que corresponde à máxima produção de energia do sistema.

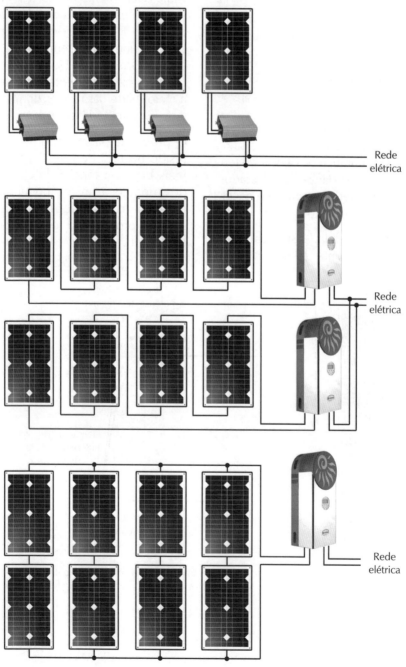

Figura 5.42 – Acima: sistema fotovoltaico com um módulo por inversor. No centro: sistema com um conjunto de módulos para cada inversor. Abaixo: sistema com todos os módulos ligados a um inversor central.

Um modo muito eficaz de tornar o sistema fotovoltaico imune a sombras e condições irregulares de iluminação é torná-lo modular com o emprego de diversos inversores de potência menor do que a potência total do sistema, como mostrou a Figura 5.42.

Em sistemas de microgeração e minigeração recomenda-se o uso de vários inversores no lugar de um único inversor central para aumentar a confiabilidade do sistema, evitando que a falha de um equipamento coloque todo o sistema em risco. Muitas vezes não há alternativa senão modularizar, pois os inversores encontrados no mercado têm potências de até 5 kW ou 7 kW, dependendo do fabricante. Então sistemas com potência instalada acima desses valores obrigatoriamente requerem o uso de diversos inversores conectados em paralelo.

Em grandes sistemas de geração, como é o caso de usinas de eletricidade, o uso de inversores centrais é preferível, pois o custo para o emprego de uma grande quantidade de inversores torna proibitivo o uso de inversores em paralelo, sendo preferível um único inversor conectado a uma grande quantidade de *strings*. Do ponto de vista de sombras e condições irregulares de iluminação não há muito problema, pois usinas são construídas em áreas abertas e livres de obstáculos que poderiam causar sombras nos módulos.

5.10 Componentes dos sistemas fotovoltaicos conectados à rede elétrica

5.10.1 Módulos fotovoltaicos

Os módulos para sistemas fotovoltaicos conectados à rede diferem dos usados nos sistemas autônomos no seu tamanho e pela potência fornecida.

Tipicamente um módulo de silício cristalino para a conexão à rede possui 60 células em série, apresentando tensões de saída de circuito aberto em torno de 37 V e potências de 230 W a 245 W. Os valores podem variar de um fabricante para outro ou entre modelos diferentes de um mesmo fabricante.

As características dos módulos fotovoltaicos comerciais foram apresentadas no Capítulo 3.

5.10.2 Inversores para a conexão à rede elétrica

Os inversores são essenciais para os sistemas conectados à rede elétrica, sem os quais não seria possível fazer a injeção da energia produzida pelos módulos na rede elétrica.

Nas páginas anteriores falamos bastante sobre os inversores para sistemas conectados à rede e explicamos seu princípio de funcionamento, suas funções e características. A escolha do inversor adequado para um determinado projeto depende da potência gerada, dos módulos que são empregados e de outros aspectos como a necessidade ou não de um transformador de isolação no inversor.

5.10.3 Caixas de *strings*

Os *strings* de um conjunto fotovoltaico podem ser ligados entre si através de uma caixa de conexões, geralmente denominada *string box* ou caixa *de strings*, que pode ser construída com componentes avulsos adquiridos no mercado ou pode ser uma caixa pré-fabricada. Essa caixa deve ser protegida contra intempéries, possuindo no mínimo o grau de proteção IP54, e deve ter os terminais positivo e negativo bem separados e identificados em seu interior.

A caixa de *strings*, cujo diagrama elétrico é mostrado na Figura 5.43, concentra os cabos elétricos das diversas fileiras em dois barramentos, positivo e negativo, e ainda possui fusíveis de proteção.

Para proteger os módulos e os cabos dos *strings* contra sobrecargas e correntes reversas, são usados fusíveis de *strings* em todos os condutores ativos (positivos e negativos) de acordo com a exigência da norma IEC 60364.

Se não forem utilizados fusíveis em série com os *strings*, os condutores devem estar dimensionados para a máxima corrente de curto-circuito dos módulos fotovoltaicos. O uso de até dois *strings* paralelos dispensa a presença de fusíveis. Conjuntos com mais de dois *strings* requerem fusíveis de proteção.

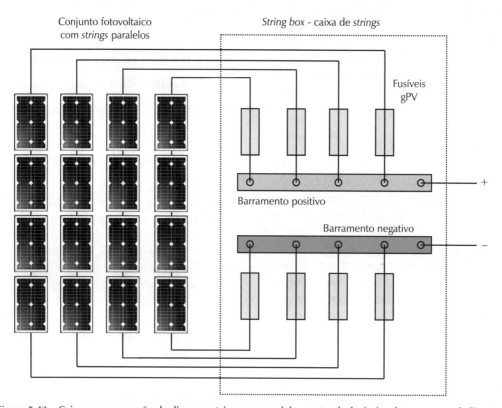

Figura 5.43 – Caixa para a conexão de diversos *strings* em paralelo, contendo fusíveis e barramentos de ligação.

A caixa de *strings* também pode conter diodos de bloqueio (não mostrados na Figura 5.43) em série com os *strings*. Os diodos de bloqueio (também chamados diodos de *strings*) impedem a corrente elétrica de circular no sentido contrário ao sentido normal da corrente dos módulos, evitando que o painel seja danificado.

Com a presença do diodo de *string*, no caso de ocorrer um curto-circuito ou o sombreamento em um dos *strings*, os demais continuam funcionando normalmente. Sem a presença de diodos de bloqueio nas fileiras, uma corrente pode fluir no sentido inverso através da fileira afetada pela sombra.

Durante a operação normal do sistema fotovoltaico os diodos de *strings* provocam perdas de energia devido à sua queda de tensão. Nos sistemas sombreados a produção de energia com diodos de bloqueio não é muito maior do que nos sistemas que não empregam diodos. Além disso, quando existem diodos de bloqueio, normalmente não se consegue perceber com facilidade a existência de falhas nos painéis e em suas conexões, pois os diodos permitem que o restante do sistema continue funcionando normalmente mesmo quando uma fileira de painéis está defeituosa.

Por esses motivos o uso de diodos de bloqueio não é recomendável e os diodos passaram a ser dispensáveis nas instalações fotovoltaicas e não são exigidos na norma IEC 60364 e em nenhuma outra. Estudos e experiências práticas demonstram que o uso de fusíveis em série com os *strings* é suficiente para a proteção dos sistemas fotovoltaicos.

A Figura 5.44 ilustra porta-fusíveis usados nas caixas de *strings* em sistemas fotovoltaicos. São caixas desenvolvidas especialmente para aplicações fotovoltaicas, com classe de tensão adequada e próprias para alojar fusíveis gPV cilíndricos.

Figura 5.44 – Porta-fusíveis próprios para instalações fotovoltaicas em corrente contínua.

A Figura 5.45 ilustra caixas de *strings* industriais. Alguns fabricantes, como é o caso da italiana Santerno, disponibilizam caixas de *strings* que, além de fornecerem suportes para fusíveis e conexões elétricas, ainda oferecem funções adicionais de monitoramento eletrônico e proteção dos *strings*. A Figura 5.46 mostra caixas de *strings* industriais instaladas em um sistema de minigeração.

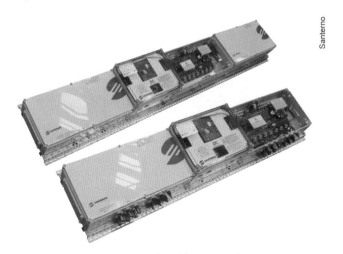

Figura 5.45 – Caixas de *strings* industriais Smart String Box, com recursos especiais de monitoramento e proteção dos módulos fotovoltaicos.

Figura 5.46 – Caixas de *strings* empregadas em sistema fotovoltaico de minigeração instalado sobre um estacionamento de veículos.

5.10.4 Quadro de proteção de corrente contínua (CC)

O quadro de proteção de corrente contínua do sistema fotovoltaico, além de possuir os fusíveis para a conexão dos *strings*, incorpora uma chave de desconexão CC e o dispositivo de proteção de surto. O quadro de proteção CC pode ter a função da caixa de *strings*. No mesmo quadro deve estar presente o barramento de aterramento, necessário para coletar as ligações à terra das estruturas metálicas e carcaças dos módulos fotovoltaicos.

A chave de desconexão é necessária na manutenção dos sistemas fotovoltaicos, permitindo a desconexão dos módulos para garantir a segurança durante manutenções nas instalações e nos inversores. Devem ser empregadas chaves de desconexão CC específicas, que suportam os níveis de tensão presentes nos sistemas fotovoltaicos e têm capacidade de interrupção de arco elétrico em corrente contínua. Chaves para instalações elétricas convencionais de corrente alternada não devem ser empregadas com essa finalidade.

Uma tendência nos países europeus, que possivelmente também ocorrerá no Brasil, é a inserção de um botão de emergência para seccionar a conexão CC, assim como a chave de desconexão. Esse botão, no entanto, tem a função de permitir acionamento rápido em situações de emergência, como em incêndios, em que o Corpo de Bombeiros deve garantir extinção imediata de toda a corrente elétrica da instalação.

O dispositivo de proteção de surto (DPS) é um componente necessário nos sistemas fotovoltaicos, assim como nas instalações elétricas convencionais, para proteger cabos e equipamentos contra sobretensões ocasionadas por descargas atmosféricas. Nos sistemas fotovoltaicos, no lado CC, devem ser empregados dispositivos projetados especialmente para operar em circuitos de corrente contínua.

A barra de aterramento do quadro de proteção pode ser conectada à terra ou ao condutor de equipotencial da instalação elétrica, conforme o tipo de aterramento empregado na instalação.

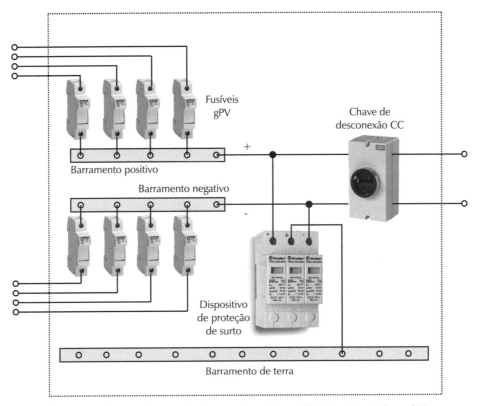

Figura 5.47 – Quadro de proteção de corrente contínua (CC) da instalação fotovoltaica.

5.10.5 Quadro de proteção de corrente alternada (CA)

O quadro de proteção de corrente alternada, mostrado na Figura 5.48, faz a conexão entre os inversores do sistema fotovoltaico e a rede elétrica. Os dispositivos e o modo de dimensionamento são semelhantes aos empregados nas instalações elétricas convencionais de baixa tensão.

A Figura 5.48 exemplifica um quadro de proteção para sistema trifásico, no qual os inversores são conectados às fases do sistema e o neutro não é empregado. Entretanto, recomenda-se que o neutro da instalação, mesmo não sendo usado na conexão aos inversores, seja conectado ao dispositivo de proteção de surto (DPS).

Nesse quadro observa-se a presença de um disjuntor diferencial residual (DDR) na entrada, que pode ser substituído por um disjuntor termomagnético combinado com um interruptor diferencial residual (IDR).

O método de aterramento pode variar de uma instalação para outra. Em alguns casos o neutro do sistema será aterrado, em outros não. Em alguns casos a ligação à terra do lado CA será unificada com a ligação à terra do lado CC. A norma IEC 60364 permite a separação dos pontos de aterramento quando a resistência de terra é inferior a 10 Ω.

Em geral se recomenda a equipotencialização da instalação com a conexão unificada de todos os barramentos e condutores de ligação à terra, tanto no lado CA quanto no lado CC. Exceção deve ser feita no caso dos sistemas com módulos de filmes finos, quando um dos terminais vivos (positivo ou negativo) dos conjuntos fotovoltaicos é ligado à terra. Nesse caso os condutores de aterramento do lado CC e do lado CA devem ser independentes.

Na Figura 5.48 observa-se a presença de um dispositivo de proteção de surto (DPS) trifásico usado para proteger a instalação e o lado de corrente alternada dos inversores. Recomenda-se o uso de DPS em locais com elevada incidência de descargas atmosféricas, como é o caso da maior parte das regiões brasileiras.

A norma IEC 60364 recomenda que um sistema de DPS adicional seja instalado próximo ao inversor, em quadro separado, como o mostrado na Figura 5.49, quando a distância do inversor até a conexão à rede for superior a dez metros. O método de instalação do DPS pode variar de uma instalação para outra, de acordo com a presença ou não do terminal de neutro e com a maneira como a conexão à terra é feita. O exemplo da Figura 5.49 mostra uma instalação na qual os inversores são conectados às fases, sem a necessidade do neutro.

Os dispositivos de proteção de surto (DPS) são de fundamental importância nos sistemas fotovoltaicos, instalados nos lados CC e CA. Seu custo é muito baixo em comparação com os prejuízos aos equipamentos, incluindo módulos, inversores e instalações, que podem decorrer de sobretensões ocasionadas por descargas atmosféricas.

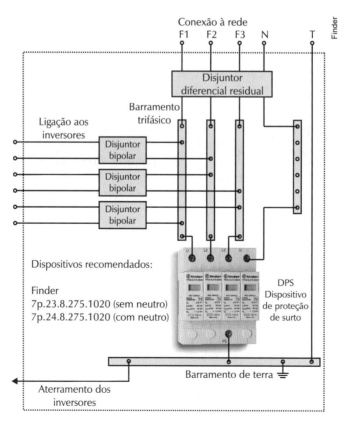

Figura 5.48 – Quadro de proteção de corrente contínua (CA) da instalação fotovoltaica.

Sistemas Fotovoltaicos Conectados à Rede Elétrica

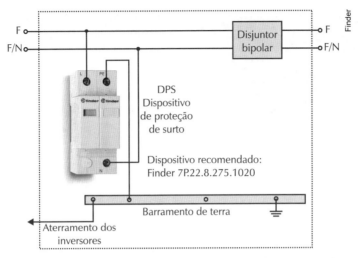

Figura 5.49 – Dispositivo de proteção de surto (DPS) instalado próximo ao inversor.

5.10.6 Acessórios

As instalações fotovoltaicas podem ser incrementadas com uma vasta gama de acessórios, como estações meteorológicas, sistemas de monitoramento da energia fornecida pelos inversores e medidores de energia instalados na conexão com a rede.

Estação meteorológica

A Figura 5.50 mostra a estação meteorológica fornecida pelo fabricante de inversores Santerno, que possui anemômetro, sensor de direção do vento, medidor de temperatura ambiente, piranômetro e sensor de temperatura de contato para os módulos.

A central é fornecida com uma caixa com grau de proteção IP65, que pode ser exposta ao tempo, que contém um módulo de registro de dados e comunicação, mostrado na Figura 5.51, que pode ser ligado a um computador. Os dados podem ser enviados a um software para a avaliação do desempenho do sistema fotovoltaico.

Esse tipo de ferramenta é necessário principalmente em sistemas de minigeração e usinas solares para realizar a análise do desempenho esperado do sistema fotovoltaico diante das condições de operação.

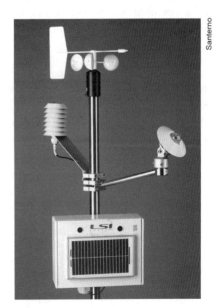

Figura 5.50 – Estação meteorológica Centralina Meteo.

Figura 5.51 – Módulo de aquisição de dados e comunicação para uso com a estação Centralina Meteo.

Medidores de energia

Medidores de energia podem ser instalados na conexão com a rede elétrica, entre o disjuntor de entrada do quadro de proteção CA do sistema fotovoltaico e o ponto de conexão com a rede, para a monitoração da produção de energia do sistema fotovoltaico.

A Figura 5.52 ilustra a família de medidores Finder, disponíveis em versões monofásicas e trifásicas, com mostradores digitais ou analógicos. São produtos fáceis de instalar, próprios para montagem em trilho, podendo ser colocados dentro do próprio quadro de proteção CA.

A Figura 5.53 destaca o medidor trifásico modelo 7E.47, que permite a conexão direta a redes elétricas de até 65 A sem a necessidade de transformador de corrente externo. A Figura 5.54 mostra o esquema das conexões elétricas do medidor e a Tabela 5.23 apresenta suas características técnicas.

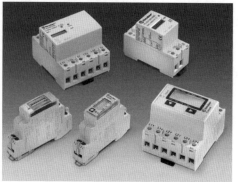

Figura 5.52 – Família de medidores de energia Finder.

Figura 5.53 – Medidor de energia trifásico Finder Série 7E.46 para redes de até 65 A (sem a necessidade de transformador de corrente externo).

Sistemas Fotovoltaicos Conectados à Rede Elétrica

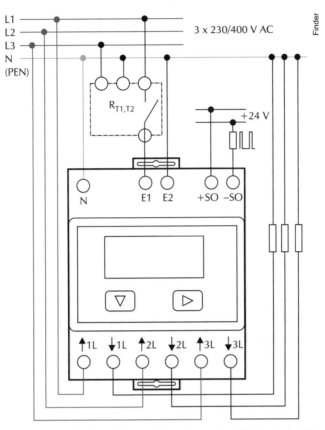

Figura 5.54 – Esquema de ligação do medidor de energia trifásico Finder Série 7E.46.

Tabela 5.23 – Características dos medidores de energia trifásicos Finder Série 7E

Especificações			7E.46.8.400.00x2	7E.56.8.400.00x0
Corrente nominal/Máxima corrente medida		A	10/65	5/6
Mínima corrente medida		A	0.04	0.01
Campo de medida (na classe de precisão)		A	0,5...65	0,5...6
Máxima corrente de pico		A	1950 (10 ms)	180 (10 ms)
Tensão de alimentação e monitoramento (U_N)		Vca	3 x 230	3 x 230
Campo de funcionamento			(0,8...1,15) U_N	(0,8...1,15) U_N
Frequência		Hz	50/60	50/60
Potência nominal		W	< 1,5	< 1,5
Display, leitura (altura dos dígitos 6 mm)			Contador de 7 dígitos, visor com iluminação própria	
Contagem máxima/Contagem mínima		kWh	999,999.9/0,01	9,999,999/0,1
Pulsos de Lcd por kWh			100	10

Especificações		7E.46.8.400.00x2	7E.56.8.400.00x0
Saída em coletor aberto (SO+/SO–)			
Tensão (fonte externa)	Vcc	5...30	5...30
Máxima corrente	mA	20	20
Máxima corrente residual 30 V/25 °C	µA	10	10
Pulsos por kWh		1000	10
Dimensão dos pulsos	ms	30	30
Resistência interna		100	100
Máxima dimensão do cabo (30 V/20 mA)	m	1000	1000
Características gerais			
Classe de precisão		1/B	1/B
Temperatura ambiente	°C	–10...+55 °C	–10...+55 °C
Categoria de proteção		II	II
Grau de proteção: dispositivo/terminais		IP 50/IP 20	IP 50/IP 20

5.11 Conexões elétricas nos sistemas conectados à rede de distribuição de baixa tensão

5.11.1 Dimensionamento das instalações do lado de corrente alternada (CA)

Nos sistemas fotovoltaicos conectados à rede de distribuição de baixa tensão, as conexões elétricas são dimensionadas e construídas de acordo com as técnicas convencionais das instalações elétricas em baixa tensão.

Os critérios e as exigências da norma ABNT NBR 5410:2004 - "Instalações Elétricas em Baixa Tensão" - devem ser atendidos na conexão dos sistemas fotovoltaicos à rede, assim como em qualquer instalação elétrica convencional.

Os condutores devem ser dimensionados de acordo com os critérios de capacidade de corrente, queda de tensão e método de instalação. Os dispositivos de proteção, como disjuntores termomagnéticos e interruptores diferenciais residuais, presentes obrigatoriamente nas instalações elétricas em baixa tensão, são especificados e dimensionados de acordo com técnicas já conhecidas.

5.11.2 Dimensionamento dos cabos no lado de corrente contínua (CC)

Os cabos elétricos empregados nas conexões em corrente contínua devem ser específicos para aplicações fotovoltaicas, como aqueles apresentados no Capítulo 3.

Cabos com isolação convencional podem ser empregados em instalações abrigadas em calhas ou eletrodutos. Em instalações com cabeamento aparente devem ser empregados cabos com proteção contra a radiação ultravioleta e fabricados para suportar temperaturas extremas.

Os cabos que fazem a conexão entre os módulos e o inversor devem ter tensão de isolação entre 300 V e 1000 V, e sua capacidade de condução de corrente deve ser 25% superior à corrente de curto-circuito dos módulos fotovoltaicos em STC, ou seja:

$$I_{CABOS} \geq I_{SC,STC} \times 1,25$$

em que:

I_{CABOS} = Corrente suportada pelos cabos elétricos nas instalações em corrente contínua

$I_{SC,STC}$ = Corrente de curto-circuito dos módulos ou conjuntos de módulos nas condições padrão de teste (STC)

As quedas de tensão nas conexões em corrente contínua devem estar entre 1% e 3%. O dimensionamento dos cabos é feito inicialmente pelo critério da capacidade de condução de corrente, com a consulta às tabelas de características dos condutores disponibilizadas pelos fabricantes de cabos.

Em seguida, após a escolha inicial da seção transversal do condutor que se deseja adotar, aplica-se o critério da queda de tensão, levando em conta a resistividade do condutor escolhido, a corrente máxima esperada (com base na fórmula anterior) e o comprimento do cabo cuja queda de tensão se deseja determinar.

Os procedimentos de cálculo e dimensionamento dos condutores são os mesmos usados nas instalações elétricas convencionais, devendo apenas ser observados os critérios especiais que devem ser atendidos - a capacidade de condução de corrente mínima de acordo com a corrente de curto-circuito dos módulos fotovoltaicos e a queda de tensão máxima admissível.

Em conjuntos fotovoltaicos com *strings* paralelos o dimensionamento dos cabos deve levar em conta também a corrente reversa (no sentido inverso) que pode circular pelo sistema. Em sistemas com mais de dois *strings* paralelos a corrente suportada pelo cabo deve ser igual pelo menos à corrente para a qual é especificado o fusível de proteção do *string*, conforme visto a seguir.

5.11.3 Dimensionamento dos fusíveis no lado de corrente contínua (CC)

Segundo a norma IEC 60364, em conjuntos com até dois *strings* paralelos não é necessário empregar fusíveis para a proteção de sobrecorrente.

Em conjuntos com mais de dois *strings* paralelos é necessário empregar fusíveis para a proteção contra a corrente reversa dos módulos. Se um dos *strings* apresentar falha devido ao sombreamento ou curto-circuito em algum módulo, ele pode estar sujeito a uma corrente reversa imposta pelos demais *strings* do conjunto.

A corrente máxima suportada pelos fusíveis é calculada como:

$$1,1 \times I_{SC,STC} \leq I_F \leq I_R$$

em que:

$I_{SC,STC}$ = Corrente de curto-circuito do *string* nas condições padrão de teste (STC) [A]

I_F = Corrente nominal do fusível [A]

I_R = Corrente reversa suportada pelo módulo fotovoltaico especificada na folha de dados do fabricante [A]

A expressão anterior diz que a corrente suportada pelo fusível deve ser 10% maior do que a corrente de curto-circuito do módulo. Isso é necessário para que durante a operação normal do sistema o fusível não seja interrompido. O fusível deve atuar em situações de falha, quando a ocorrência de corrente reversa pode exceder a corrente máxima suportada pelo módulo. O fusível deve ser dimensionado para atuar com uma corrente inferior ou igual à máxima corrente reversa que o módulo suporta, de acordo com as especificações do fabricante.

A norma IEC 60364 ainda diz que a seguinte condição deve ser atendida em um conjunto fotovoltaico com mais de dois *strings* paralelos:

$$1,35 \times I_{RM} \leq (N_{PAR} - 1) I_{SC,STC}$$

em que:

I_{RM} = Corrente reversa máxima presente no circuito [A]

N_{PAR} = Número de *strings* ligados em paralelo

$I_{SC,STC}$ = Corrente de curto-circuito máxima de um *string*, considerando a condição padrão de teste (a norma não especifica essa condição, porém é possível assumir que a corrente máxima ocorrerá nessa condição) [A]

As correntes reversas suportadas pelos módulos podem ser várias vezes a sua corrente de curto-circuito. A expressão anterior serve para limitar a corrente admissível no sistema em função do número de *strings* paralelos.

A máxima corrente reversa que pode ocorrer num *string* fotovoltaico é determinada por:

$$I_{RM} = I_{SC,STC} \times (N_{PAR} - 1)$$

Em geral $I_R < I_{RM}$ e o fusível de proteção é dimensionado pelo valor de I_R, para garantir que os módulos de um *string* jamais serão submetidos a uma corrente reversa superior à corrente especificada na folha de dados.

Os fusíveis empregados na proteção dos *strings* e conjuntos fotovoltaicos devem ser do tipo gPV, conforme a norma IEC 60364. A Figura 5.55 mostra alguns aspectos desses fusíveis. São parecidos com fusíveis cilíndricos e NH tradicionais, porém são próprios para aplicações fotovoltaicas e fabricados de acordo com as especificações da norma IEC 60269-6.

Figura 5.55 – Aspectos que podem ter os fusíveis gPV, fabricados de acordo com as especificações da norma IEC 60269-6. À esquerda, fusível cilíndrico para a proteção de *strings* fotovoltaicos. À direita, fusível empregado na proteção de conjuntos com vários *strings*.

5.11.4 Escolha dos diodos de *strings* no lado de corrente contínua (CC)

Embora sejam dispensáveis na maior parte das instalações fotovoltaicas, quando existentes, os diodos empregados nas caixas de *strings*, posicionados em série com os módulos fotovoltaicos, devem ter a capacidade de suportar o dobro da tensão de circuito aberto do conjunto ou dos *strings*, ou seja:

$$V_{D,SER} \geq V_{OC,STC} \times 2$$

em que:

$V_{D,SER}$ = Tensão reversa suportada pelos diodos em série com os *strings* de módulos

$V_{OC,STC}$ = Tensão de circuito aberto do conjunto ou dos *strings* nas condições padrão de teste (STC)

5.12 Dispositivos de proteção de surto para sistemas fotovoltaicos

5.12.1 Introdução

Todos os anos as descargas atmosféricas (raios) provocam danos a edifícios, sistemas de comunicação, linhas de energia e sistemas elétricos, gerando elevados prejuízos.

As descargas atmosféricas têm elevado poder destrutivo. Raios correspondem a correntes elétricas de até 200 mil ampères com duração de algumas dezenas de microssegundos. Uma parcela da energia das descargas atinge as diferentes unidades consumidoras da rede de baixa tensão: residências, escolas, hospitais, indústrias, estações de telecomunicações, escritórios e também os sistemas fotovoltaicos conectados à rede elétrica.

Por estar localizado na região dos trópicos e possuir uma grande extensão territorial, o Brasil é um dos países com a maior incidência de raios. Nosso território recebe em média 5 milhões de descargas atmosféricas anualmente.

Ao atingir a rede elétrica direta ou indiretamente, os raios causam aumento súbito da tensão elétrica. Esse fenômeno é chamado de surto elétrico ou sobretensão, que se propaga até encontrar um ponto de escoamento para a terra. Esse ponto de escoamento pode ser um eletrodoméstico ou aparelho eletrônico, um inversor ou um módulo fotovoltaico. Os equipamentos atingidos pelo surto elétrico podem danificar-se de modo irreparável ou até mesmo incendiar-se.

Por esses motivos é essencial a instalação dos dispositivos de proteção de surto (DPS) nos sistemas fotovoltaicos. Levando em conta o custo relativo de um DPS diante do custo dos inversores e módulos fotovoltaicos, não há razão para dispensar esse item de segurança. Os dispositivos de proteção de surto protegem as instalações elétricas, equipamentos e pessoas.

5.12.2 Princípio de funcionamento

O princípio de funcionamento do DPS é baseado nos elementos mostrados na Figura 5.56. O varistor e o centelhador apresentam uma resistência elétrica muito elevada em condições normais. Na ocorrência de surtos elétricos causados por descargas atmosféricas, surgem tensões elétricas muito elevadas. Acima de um determinado valor de tensão o varistor e o centelhador mudam do estado de alta resistência para o estado de baixa resistência, permitindo a passagem da corrente elétrica.

Figura 5.56 – Componentes internos de um dispositivo de proteção de surto (DPS).

O varistor acumula internamente uma parte da energia elétrica do surto e, portanto, gasta quando acionado. O DPS baseado no varistor precisa ser substituído após um certo número de acionamentos. A substituição ocorre facilmente através de um módulo destacável que contém somente o varistor, podendo ser trocado sem a necessidade de substituir completamente o DPS.

A Figura 5.57 mostra a atuação do DPS na ocorrência de um surto de tensão no terminal positivo do dispositivo. O varistor e o centelhador permitem o escoamento da descarga elétrica para a terra. Um mostrador exibe o estado de uso do DPS. Quando o mostrador está verde ou parcialmente vermelho, o dispositivo ainda está dentro de sua vida útil. O mostrador completamente vermelho indica que o elemento varistor precisa ser substituído.

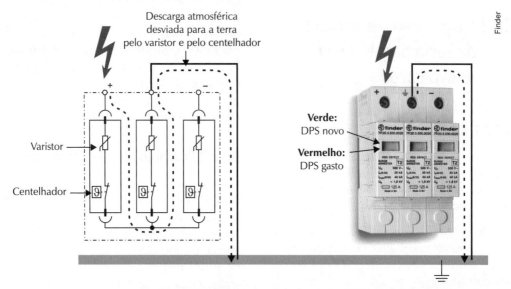

Figura 5.57 – Funcionamento do DPS: a descarga atmosférica é desviada para a terra pelo dispositivo. O mostrador vermelho indica que o DPS precisa ser substituído.

5.12.3 Classificações

Os dispositivos de proteção contra surtos (DPS) são classificados de acordo com os ensaios aos quais são submetidos. Podem ser das Classes I, II ou III.

Nos dispositivos de proteção contra surtos da Classe I os ensaios simulam correntes impulsivas oriundas de descargas elétricas. Essa classe é recomendada para locais com grande exposição a raios, como pontos de entrada, e nas edificações em locais protegidos por sistemas de proteção contra descargas atmosféricas.

Já os dispositivos de Classes II e III são ensaiados com impulsos atenuados, e nesses casos a indicação de aplicação é para locais onde a instalação é menos sujeita à incidência direta de raios.

A norma IEC 60364 recomenda o uso de DPS Classe II nos sistemas fotovoltaicos, como mostra a Figura 5.58. Os métodos de instalação e os dispositivos adequados dependem de projeto específico e da consulta ao catálogo do fabricante.

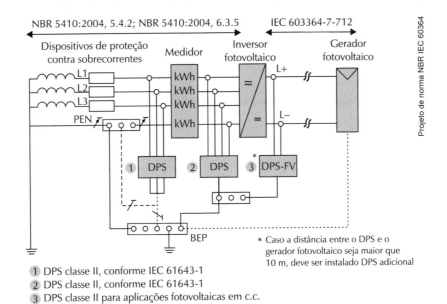

① DPS classe II, conforme IEC 61643-1
② DPS classe II, conforme IEC 61643-1
③ DPS classe II para aplicações fotovoltaicas em c.c.

Figura 5.58 – Esquema de ligação dos dispositivos de proteção de surto (DPS) na instalação fotovoltaica.

A Figura 5.59 mostra a família de dispositivos de proteção de surto da Finder. Os dispositivos mais empregados devido ao seu custo-benefício e à sua adequação para a proteção da maior parte das instalações fotovoltaicas estão listados na Tabela 5.24.

Figura 5.59 – Família de dispositivos de proteção de surto (DPS) Finder para instalações em corrente contínua e corrente alternada.

Tabela 5.24 – Dispositivos de proteção de surto (DPS) empregados nas instalações fotovoltaicas mais comuns

Tipo de circuito	Código Finder
Monofásico CA (Fase + Neutro) – 220 V	7P.21.8.275.1020
Bifásico CA (Fase + Fase) – 220 V	7P.21.8.275.1020
Trifásico CA (3 Fases + Neutro) – 220 V	7P.24.8.275.1020
Trifásico CA (3 Fases sem Neutro) – 220 V	7P.23.8.275.1020
Circuito CC – 600 V	7P.23.9.700.1020

5.12.4 Esquemas de aplicação

A seguir são apresentados os esquemas de aplicação mais comuns dos dispositivos de proteção de surto (DPS) segundo as recomendações do fabricante. Outros modos de instalação são possíveis e dependem das características de cada projeto. Um engenheiro eletricista deve sempre ser consultado para a especificação e o dimensionamento corretos da instalação fotovoltaica.

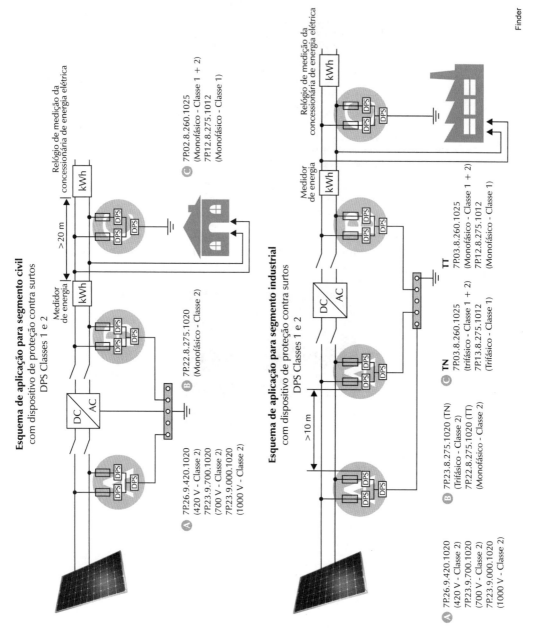

Figura 5.60 – Esquema de aplicação de DPS para os segmentos civil e industrial.

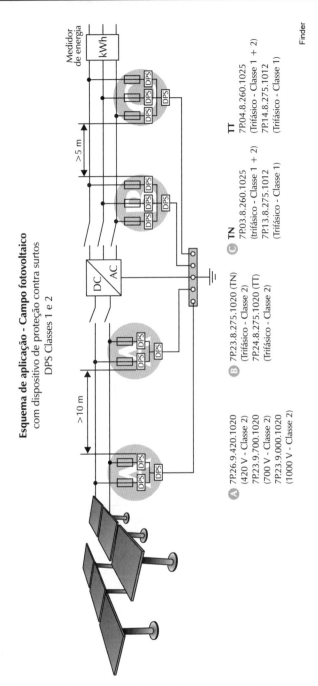

Figura 5.61 – Esquema de aplicação de DPS nos circuitos de corrente contínua (nas conexões dos módulos aos inversores).

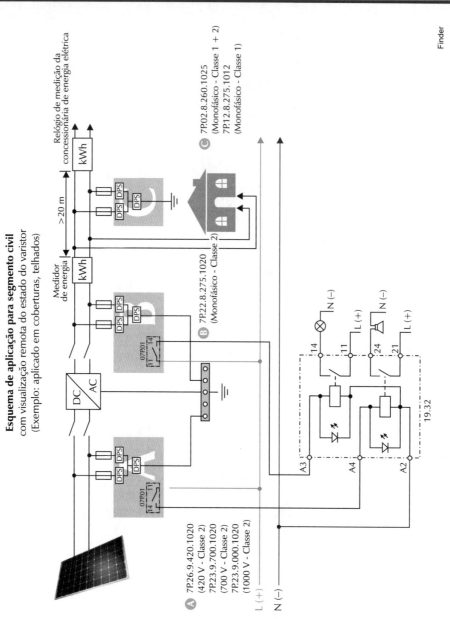

Figura 5.62 – Esquema de aplicação de DPS para os segmentos civil e industrial com visualização remota do estado do varistor.

Sistemas Fotovoltaicos Conectados à Rede Elétrica

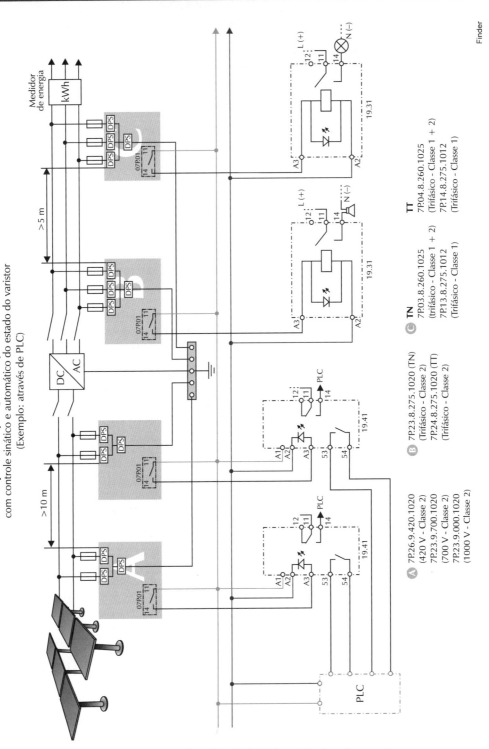

Figura 5.63 – Esquema de aplicação de DPS nos circuitos de corrente contínua com controle automático do estado do varistor.

Tabela 5.25 – Lista dos códigos dos dispositivos de proteção de surto Finder Série 7P

	Aplicações fotovoltaicas - Sinalização remota do estado do varistor em caso de falha, módulos substituíveis	
A	7P.26.9.420.1020	DPS Classe 2 (2 varistores + 1 centelhador) para sistemas fotovoltaicos em 420 Vcc.
	7P.23.9.700.1020	DPS Classe 2 (3 varistores) para sistemas fotovoltaicos em 700 Vcc.
	7P.23.9.000.1020	DPS Classe 2 (3 varistores) para sistemas fotovoltaicos em 1000 Vcc.
B	7P.21.8.275.1020	DPS Classe 2. Sistemas monofásicos. Proteção por varistor L - N. Indicação visual do estado do varistor.
	7P.22.8.275.1020	DPS Classe 2. Sistemas monofásicos. Proteção por varistor L - N + proteção por centelhador N - PE. Indicação visual do estado do varistor.
	7P.23.8.275.1020	DPS Classe 2. Sistemas trifásicos. Proteção por varistor L1, L2, L3. Módulos a varistor substituíveis, 3 polos. Indicação visual do estado do varistor.
	7P.24.8.275.1020	DPS Classe 2. Sistemas trifásicos. Proteção por varistor L1, L2, L3 - N, + proteção por centelhador N - PE. Indicação visual do estado do varistor.
	7P.25.8.275.1020	DPS Classe 2. Sistemas trifásicos. Proteção por varistor L1, L2, L3 - N, + proteção por varistor N - PE. Indicação visual do estado do varistor.
C	7P.09.1.255.0100	DPS Classe 1. Proteção a centelhador com módulo GTD somente para aplicações N - PE contra descargas de altas correntes.
	7P.01.8.260.1025	DPS Classe 1 + 2. Proteção a varistor com módulos GDT, unipolar, indicado para sistemas monofásicos ou trifásicos (230/400V) e em combinação com o 7P.0902.
	7P.02.8.260.1025	DPS Classe 1 + 2, para sistemas monofásicos. Proteção a varistor GDT L - N + centelhador N - PE. Indicação visual do estado do varistor.
	7P.03.8.260.1025	DPS Classe 1 + 2, para sistemas trifásicos sem neutro (condutor PEN). Proteção a varistor GDT L1, L2, L3 - PEN. Indicação visual do estado do varistor, em cada módulo.
	7P.04.8.260.1025	DPS Classe 1 + 2 para sistemas trifásicos com neutro. Proteção a varistor GDT L1, L2, L3 - N + centelhador N - PE. Indicação visual do estado do varistor, em cada módulo.
	7P.05.8.260.1025	DPS Classe 1 + 2 para sistemas trifásicos com neutro. Proteção a varistor GDT L1, L2, L3 - N + centelhador N - PE. Indicação visual do estado do varistor, em cada módulo.
D	7P.12.8.275.1012	DPS Classe 1 com sistema de baixo nível de proteção (Low Up System) - sistema monofásico. Proteção a varistor L - N + centelhador. Módulos substituíveis.
	7P.13.8.275.1012	DPS Classe 1 com sistema de baixo nível de proteção (Low Up System) - sistema trifásico. Proteção a varistor L1, L2, L3 - PEN. Módulos substituíveis.
	7P.14.8.275.1012	DPS Classe 1 com sistema de baixo nível de proteção (Low Up System) - sistema trifásico. Proteção a varistor L1, L2, L3 - PEN + centelhador N - PE. Módulos a varistor substituíveis. Módulo a centelhador contra descargas de altas correntes não substituível.
	7P.15.8.275.1012	DPS Classe 1 com sistema de baixo nível de proteção (Low Up System) - sistema trifásico. Proteção a varistor L1, L2, L3, N - PE. Módulos substituíveis. Indicação visual do estado do varistor.
	7P.32.8.275.2003	DPS Classe 3. Sistemas monofásicos para instalação no soquete. Indicação sonora do estado do varistor.

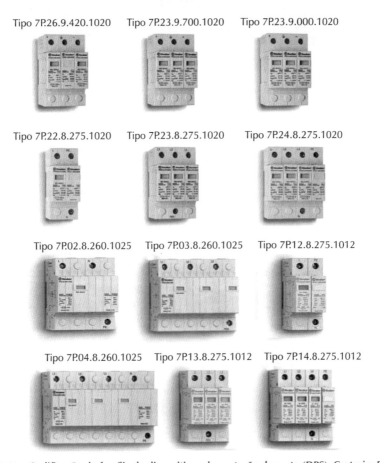

Figura 5.64 – Codificação da família de dispositivos de proteção de surto (DPS). Cortesia: Finder.

5.13 Exemplo de dimensionamento de um sistema fotovoltaico de microgeração conectado à rede elétrica

5.13.1 Energia produzida

O primeiro passo no dimensionamento de um sistema conectado à rede é determinar quanta energia se deseja produzir. Essa é uma escolha do projetista que pode levar em conta diversos critérios.

A energia que se deseja produzir com o sistema fotovoltaico pode ser determinada com base no consumo médio mensal de eletricidade, a partir de dados obtidos da conta de eletricidade. Pode-se desejar suprir parcialmente ou integralmente a demanda de energia elétrica de um determinado consumidor.

Outra maneira de determinar a energia produzida é levar em conta o espaço disponível para a instalação dos módulos fotovoltaicos. Sabendo o número de módulos que serão instalados, pode-se calcular a produção de energia diária ou mensal do sistema fotovoltaico.

O terceiro critério de escolha pode ser econômico, conhecendo-se o limite do investimento que o consumidor deseja realizar no sistema fotovoltaico.

5.13.2 Dimensionamento do número de módulos

Conhecendo o modelo de módulo que será utilizado, deve-se determinar a quantidade de energia produzida pelo painel na localidade em que será instalado.

Nos capítulos anteriores o leitor aprendeu a calcular a energia produzida diariamente por um módulo fotovoltaico. O método de cálculo empregado nos sistemas autônomos continua válido para os sistemas conectados à rede.

Como os sistemas conectados à rede sempre dispõem de um sistema de MPPT, o método adequado é aquele baseado na insolação diária, ou seja, no valor do quilowatt-hora por metro quadrado diário $[kWh/m^2/dia]$ disponível em uma determinada localidade. Conhecendo a área do módulo e a sua eficiência, calcula-se com facilidade a energia elétrica por ele produzida diariamente. Para saber a produção mensal, basta multiplicar por 30 o valor diário obtido.

Uma vez calculada a energia produzida por um módulo e conhecendo o valor da energia que se deseja produzir diariamente ou mensalmente, de acordo com os critérios empregados pelo projetista, determina-se a quantidade de módulos necessários no sistema fotovoltaico:

$$N_P = E_{SISTEMA} / E_{MÓDULO}$$

em que:

N_P = Número de módulos da instalação fotovoltaica

$E_{SISTEMA}$ = Energia produzida pelo sistema [kWh] no intervalo de tempo considerado

$E_{MÓDULO}$ = Energia produzida por um módulo [kWh] no mesmo intervalo de tempo

Exemplo

Queremos produzir 500 kWh ao mês em uma residência em Aracaju/SE. Nesse local a taxa de radiação solar é 5320 $Wh/m^2/$dia. Nessas condições um painel fotovoltaico monocristalino de 240 W da Bosch produz 37 kWh ao mês.

Então:

N_P = 500 kWh / 37 kWh = 13 módulos

5.13.3 Dimensionamento dos inversores

A escolha do inversor empregado no sistema fotovoltaico deve levar em conta os seguintes critérios:

▨ A tensão de circuito aberto do *string* não pode ultrapassar a tensão máxima permitida na entrada do inversor. Deve-se observar cuidadosamente esse critério, pois uma sobretensão na entrada do inversor pode danificar o equipamento irreversivelmente.

▨ O inversor deve ser especificado para uma potência igual ou superior à potência de pico do conjunto de módulos.

Entretanto, ao contrário do afirmado anteriormente, é uma prática comum sobredimensionar levemente o conjunto fotovoltaico (ou subdimensionar o inversor), pois a potência de pico do conjunto somente é atingida nas condições padronizadas de teste (STC). Na maior parte do tempo o conjunto fornece potência abaixo de sua capacidade nominal.

Ligar ao inversor um conjunto fotovoltaico que tem potência de pico maior do que a suportada por ele não vai danificar o equipamento, apenas vai impedir o aproveitamento da potência máxima do conjunto fotovoltaico, quando ele estiver operando em sua capacidade nominal.

Exemplo

No sistema que estamos dimensionando, determinamos que para produzir a energia necessária vamos precisar de 13 módulos. É importante verificar se esses módulos podem ser ligados em série.

Verificando a folha de dados do fabricante, vemos que a tensão de circuito aberto dos módulos em STC é $V_{OC} = 37,4$ V.

Com 13 módulos ligados em série tem-se $V_{OC,STRING} = 13 \times 37,4 = 482,2$ V.

Considerando um fator de segurança empírico de 10%, a tensão máxima na saída do *string* será $V_{OC,STRING} = 482,2$ V $\times 1,1$ $= 530,42$ V.

Para ter certeza da tensão de circuito aberto que será encontrada na saída do *string*, o projetista pode recorrer ao coeficiente de temperatura especificado na folha de dados do módulo.

Na folha de dados do módulo encontra-se o coeficiente de temperatura para a tensão de circuito aberto igual a –0,32%/K, ou

seja, para cada grau de redução de temperatura existe um aumento de 0,32% na tensão de saída do módulo. Considerando que em Aracaju/SE a temperatura de operação do módulo nunca será inferior a 5 °C, calcula-se:

Variação percentual de tensão = $(25 - 5) \times 0,32\% = 6,4\%$

Variação de tensão = $6,4\% \times 482,2$ V = $30,86$ V

Tensão total na temperatura de 5 °C: $V_{OC,STRING} = 482,2$ V + $30,86$ V = $513,06$ V

Observa-se que a regra prática de considerar um fator de segurança de 10% proporciona um valor mais elevado (portanto mais seguro) do que o cálculo feito a partir do coeficiente de temperatura.

Para saber se podemos ligar esses módulos em série com a tensão total de 513,06 V na temperatura mais baixa considerada, precisamos verificar se existe um modelo de inversor adequado para essa tensão. Se desejarmos empregar, por exemplo, o inversor Santerno M PLUS, encontraremos na folha de dados a tensão máxima contínua aplicável = 600 V.

Então é possível empregar um *string* com 13 módulos na linha de inversores escolhida. O próximo passo é escolher um modelo de inversor compatível com a potência dos módulos.

O *string* com 13 módulos de 240 W fornecerá uma potência máxima ou de pico igual a 13 × 240 W = 3120 W ou 3,12 kW em STC. No catálogo do fabricante Santerno encontra-se o modelo M PLUS 3600, que suporta até 3,3 kW em sua entrada de corrente contínua, sendo adequado para esse projeto.

Exercícios

1. Explique as diferenças entre o sistema fotovoltaico conectado à rede elétrica e o sistema autônomo.

2. Cite e defina as três categorias de sistemas fotovoltaicos conectados à rede.

3. Comente a Resolução nº 482 da Agência Nacional de Energia Elétrica.

4. Explique os sistemas de tarifação *net metering* e *feed in*.

5. Enumere e descreva as principais características encontradas nos catálogos dos fabricantes de inversores para a conexão de sistemas fotovoltaicos à rede elétrica.

6. O que determina o número máximo de módulos em série conectados a um inversor?

7. O que determina o número mínimo de módulos em série conectados a um inversor?

8. Qual é a importância da chave de desconexão CC do inversor para a conexão à rede?

9. Explique o que é e como funciona o recurso de MPPT presente nos inversores para a conexão à rede.

10. Qual é a vantagem de utilizar um inversor de várias entradas com sistemas de MPPT independentes?

11. Explique a importância do recurso de detecção de ilhamento nos inversores para a conexão à rede.

12. Explique as diferenças entre os inversores com transformador de baixa frequência, com transformador de alta frequência e sem transformador.

13. Cite os requisitos dos inversores para a conexão de sistemas fotovoltaicos à rede elétrica.

14. Explique as diferentes maneiras de modularizar um sistema fotovoltaico conectado à rede elétrica. Qual é a vantagem da modularização?

15. Qual é a função da caixa de *strings* no sistema fotovoltaico, e quais são seus componentes?

16. Qual é a função da caixa de proteção CC no sistema fotovoltaico, e quais são seus componentes?

17. Qual é a função da caixa de proteção CA no sistema fotovoltaico, e quais são seus componentes?

18. Qual é a função do dispositivo de proteção de surto (DPS) no sistema fotovoltaico?

19. Como é possível identificar se o varistor do dispositivo de proteção de surto (DPS) precisa ser substituído?

Bibliografia

ABNT. **NBR IEC 62116:** Procedimento de ensaio de anti-ilhamento para inversores de sistemas fotovoltaicos conectados à rede elétrica. Rio de Janeiro, 2012.

_____. **NBR IEC 60364:** Instalação de sistemas fotovoltaicos. Rio de Janeiro, 2012.

ANAUGER. **Manual de Instruções Anauger Energia Solar**, 2010.

BOSCH SOLAR ENERGY AG. **Folha de dados Bosch Solar Module c-Si M 60EU30117**, 2011.

_____. **Installation and Safety Manual of the Bosch Solar Modules c-Si M 60-225-16, c-Si M 60-230-16, c-Si M 60-235-16, c-Si M 60-240-16**.

BOYLE, G. **Renewable energy:** Power for a sustainable future. Oxford: Oxford University Press, 2004.

BURATTINI, M. P. T. C. **Energia:** Uma abordagem multidisciplinar. São Paulo: Livraria da Física, 2008.

COMETTA, E. **Energia solar:** Utilização e empregos práticos. São Paulo: Hemus, 2004.

FARRET, F. A.; SIMÕES, M. G. **Integration of alternative sources of energy**. IEE Science, Wiley Interscience, 2006.

FINDER. **Catálogo de produtos para sistemas fotovoltaicos**, 2012.

_____. **Proteção contra surtos elétricos**. White paper, 2011.

FOSTER, R.; GHASSEMI, M.; COTA, A. **Solar energy:** Renewable energy and the environment. Boca Raton, FL: CRC Press, 2009.

FUCHS, E. F. ; MASOUM, M. A. S. **Power conversion of renewable energy systems**. Springer, 2011.

GIBILISCO, S. **Alternative energy demistifyed**. Nova York: McGraw-Hill, 2007.

HINRICHS, R. A.; KLEINBACH, M. **Energia e meio ambiente**. São Paulo: Cengage, 2010.

JENKINS, D. **Renewable energy systems:** the earthscan expert guide to renewable energy technologies for home and business. Nova York: Routledge, 2012.

KEMP, W. H. **The renewable energy handbook**. Nova York: Aztext Press, 2009.

KEYHANI, A.; MARWALI, M. N.; DAI, M. **Integration of green and renewable energy in electric power systems**. Hoboken, NJ: Wiley, 2010.

LG. **Folha de dados off-grid solar module**. Coreia, 2011.

NELSON, V. **Introduction to renewable energy**. Boca Raton, FL: CRC Press, 2011.

PALZ, W. **Energia solar e fontes alternativas**. São Paulo: Hemus, 2002.

PATEL, M. R. **Wind and solar power systems**. Boca Raton, FL: CRC Press, 1999.

ROSA, A. V. **Fundamentals of renewable energy processes**. Burlington, MA: Academic Press, 2009.

SANTERNO. **Catálogo Solar Energy**, 2011.

_____. **Folha de dados dos inversores Sunway M PLUS**. Itália, 2011.

_____. **Folha de dados dos inversores Sunway M XS**. Itália, 2011.

SMA SOLAR TECHNOLOGY AG. **Sunny Island System Guide**. Alemanha.

SOLAR ENERGY INTERNATIONAL. **Photovoltaics design and installation manual**. New Society Publishers, 2004.

WALISIEWICZ, M. **Energia alternativa:** Solar, eólica, hidrelétrica e biocombustíveis. São Paulo: Publifolha, 2008.

Marcas registradas

Todos os nomes registrados, marcas registradas ou direitos de uso citados neste livro pertencem aos respectivos proprietários.

Apêndice – Obtenção de Dados de Irradiação Solar

Para o dimensionamento de um sistema fotovoltaico é importante ter ferramentas para a obtenção de dados confiáveis de irradiação solar do local da instalação. Algumas vezes, dependendo do tipo de instalação, como uma usina solar, pode ser mais prudente realizar medidas no próprio local. A instalação de uma estação solarimétrica é a melhor opção para a obtenção de informações confiáveis de irradiação solar, próximo ao nível do solo, antes da construção de uma usina solar de grande porte.

Na maior parte dos casos, para o dimensionamento de sistemas fotovoltaicos de pequeno porte, como sistemas autônomos ou de micro e minigeração, ou mesmo para a prospecção inicial de áreas para a instalação de usinas, é suficiente confiar nos dados obtidos de bases solarimétricas já existentes. Existem bases que podem ser acessadas gratuitamente na internet. Este apêndice mostra algumas ferramentas de fácil utilização que podem ser usadas pelos leitores para a obtenção de dados de irradiação solar.

Sundata[1]

Segundo informado no site, o programa é baseado em um banco de dados de valores de irradiação solar medidos por estações solarimétricas em cerca de 350 pontos do Brasil e de alguns países vizinhos.

Sua interface de utilização não possui recursos gráficos. O usuário precisa conhecer as coordenadas geográficas (latitude e longitude) do local desejado. A Figura A.1 mostra a tela de entrada de dados do Sundata, onde é possível inserir as coordenadas em dois formatos diferentes: o formato decimal ou o formato em graus, minutos e segundos.

---

[1] Disponível em: <http://www.cresesb.cepel.br/sundata>.

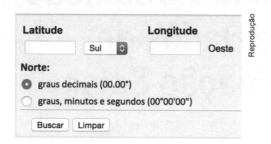

Figura A.1 – Tela de entrada de coordenadas geográficas do Sundata.

Para o leitor entender melhor como funciona a ferramenta, vamos fazer um exemplo e obter os dados de irradiação solar da cidade de Fortaleza.

Precisamos antes conhecer as coordenadas geográficas do local. Podemos encontrar as coordenadas na ferramenta Google Maps (maps.google.com.br), conforme ilustra a Figura A.2. Com a cidade de visível no mapa, deve-se clicar com o botão direito do mouse em qualquer parte do mapa e escolher a opção "O que há aqui?". Neste exemplo encontramos as seguintes coordenadas: latitude = -3,73° e longitude = -38,52°. Os sinais de menos na frente de cada valor significam que são coordenadas Sul (latitude) e Oeste (longitude), de acordo com a convenção empregada.

Figura A.2 – Obtenção de coordenadas geográficas com a ferramenta Google Maps.

Agora que já conhecemos as coordenadas de Fortaleza, vamos voltar ao Sundata. Os valores de latitude e longitude devem ser inseridos na tela inicial do programa (veja a Figura A.1).

Apêndice A – Obtenção de Dados de Irradiação Solar

Nesse momento o usuário deve desprezar os sinais de menos das coordenadas e definir latitude Sul (se o local estiver abaixo da linha do equador) ou Norte (se o local estiver acima da linha do equador). A Tabela A.1 mostra os dados de irradiação solar obtidos com as coordenadas inseridas.

Tabela A.1 – Médias mensais e anual das irradiações solares diárias (kWh/m² por dia) da cidade de Fortaleza fornecidas pelo Sundata

Jan	Fev	Mar	Abr	Mai	Jun	Jul	Ago	Set	Out	Nov	Dez	Média
5,33	5,14	4,67	4,53	5,03	5,00	5,69	6,19	6,25	6,47	6,36	6,06	5,56

SWERA – NREL[2]

Ferramenta muito prática para a obtenção de dados de irradiação solar de qualquer lugar do mundo, o banco de dados SWERA (*Solar and Wind Energy Resource Assessment*) reúne dados de irradiação solar obtidos de diversas fontes, e o alcance da ferramenta abrange todo o globo terrestre.

Com o programa é possível encontrar qualquer localidade apenas clicando sobre o mapa. A melhor técnica para obter dados de irradiação solar de um local com essa ferramenta é posicionar a localidade no centro da tela, como mostra a Figura A.4. Em seguida, na barra lateral esquerda da tela, deve-se escolher uma das bases de dados disponíveis no SWERA. Por exemplo, na Figura A.3 escolhemos a base de alta resolução de irradiação global horizontal (GHI) do Inpe (Instituto Nacional de Pesquisas Espaciais).

Quando escolhemos a base de dados, o mapa geográfico é coberto por um mapa de irradiação solar. Ao clicarmos novamente no centro da tela, onde a localidade de interesse foi posicionada, obtemos uma janela com as informações buscadas, como mostra a Figura A.4. Nesse exemplo encontramos os valores de irradiação solar

2   Disponível em: <maps.nrel.gov/swera>.

(em kWh/m² por dia) para todos os meses do ano, bem como a média anual, da cidade de Campinas.

O leitor deve ter observado, nas Figuras A.4 e A.5, que a ferramenta SWERA fornece várias opções de dados. É possível obter informações sobre as irradiações normal direta (DNI), global horizontal (GHI) e global inclinada (Latitude Tilt).

A irradiação global horizontal (GHI) é a que devemos usar no dimensionamento dos projetos quando desconhecemos a inclinação dos painéis solares. Essa informação de irradiação se refere à energia solar recebida por uma superfície posicionada horizontalmente em relação ao solo.

A irradiação normal direta (DNI) refere-se à energia solar recebida por uma superfície plana na qual os raios solares incidem perpendicularmente. Isso só é possível quando os painéis solares possuem um sistema de rastreamento solar.

Por último, a irradiação inclinada com o ângulo de latitude (Latitude Tilt) refere-se à energia solar captada por uma superfície que está inclinada a um ângulo fixo em relação ao solo, com o mesmo valor da latitude geográfica do local. Essa seria a medida mais útil para a maior parte dos projetos quando os painéis estão inclinados em relação ao solo com o mesmo ângulo de latitude.

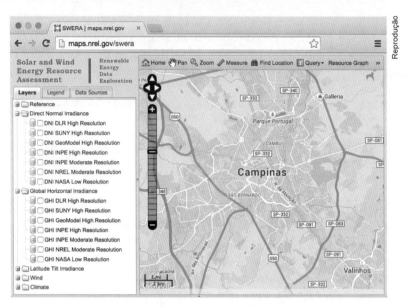

Figura A.3 – Definição da localidade na ferramenta SWERA.

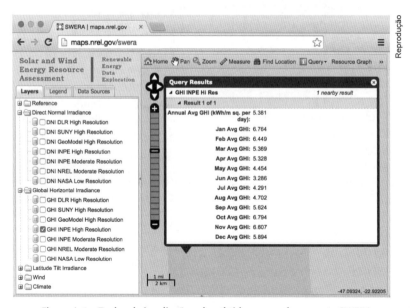

Figura A.4 – Dados de irradiação solar obtidos com a ferramenta SWERA.

PVSYST[3]

Software comercial, desenvolvido na Universidade de Genebra, Suíça, usado para a modelagem e a simulação de sistemas fotovoltaicos. Uma versão gratuita de demonstração pode ser obtida no site e usada por 30 dias.

---

3 Disponível em:<www.pvsyst.com>.

Entre muitas outras coisas, o programa nos permite obter as informações de irradiação solar de qualquer localidade do mundo por meio de uma ferramenta gráfica. A localidade é escolhida clicando-se sobre um mapa. Em seguida escolhe-se a base de dados desejada e obtêm-se os dados. O processo é muito parecido com aquele usado na ferramenta SWERA apresentada anteriormente.

O software pode ser muito útil para empresas e profissionais que trabalham com projetos de sistemas fotovoltaicos, pois permite realizar a modelagem geométrica do sistema fotovoltaico, seja ele um pequeno sistema residencial ou uma usina de geração solar. A partir dos dados fornecidos pelo usuário, realiza simulações de produção de energia do sistema, consultando automaticamente as bases de dados de irradiação solar.

Na Figura A.5 vemos um exemplo de utilização do PVSYST. O primeiro passo é encontrar o local desejado no mapa. Nesse exemplo vamos buscar informações de irradiação solar da cidade do Rio de Janeiro. Depois de encontrada a localidade desejada, o usuário pode pedir para o software importar os dados de uma base desejada, clicando no botão "Import" (veja a Figura A.5). Nesse exemplo escolhemos a base de dados da NASA (National Aeronautics and Space Administration, EUA), uma das duas que estavam disponíveis na versão do software utilizada.

O resultado obtido é mostrado na Figura A.6. A primeira coluna exibe dados de irradiação global horizontal, e a segunda, de radiação difusa (em kWh/m2 por dia). São mostrados os valores médios mensais e a média anual de cada tipo de irradiação. Nas demais colunas, são exibidos os dados de temperatura e velocidade do vento médias. Os valores zerados da última coluna indicam que na base de dados utilizada não estavam disponíveis dados de velocidade do vento. Em alguns projetos pode ser necessário conhecer esses dados, sobretudo a temperatura do local, para tornar mais precisas a modelagem e a simulação do sistema fotovoltaico.

Figura A.5 – Definição da localidade no software PVSYST.

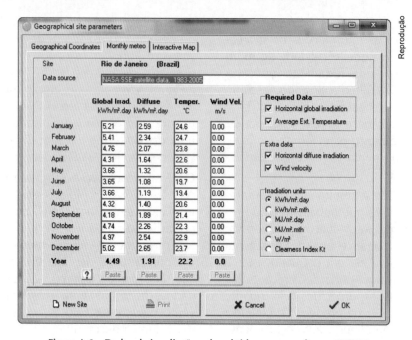

Figura A.6 – Dados de irradiação solar obtidos com o software PVSYST.

Índice remissivo

A

ABNT NBR IEC 62116 34
Absorbed Glass Mat 105
Acessórios 195
Agência Nacional de Energia Elétrica 34
Alimentação de consumidores em corrente
   alternada 126
   contínua 127
Altura
   de bombeamento em função da vazão diária de água 130
   solar 54, 55
Ampère-hora (Ah) 108
ANEEL 148
Ângulo
   azimutal 48, 49, 54
   da altura solar 54
   de correção 50
   de incidência dos raios solares 55
   de inclinação 55
      do módulo 57
   zenital 54
      do Sol 40
Anti-ilhamento 169
Anti-islanding 168
Aplicações dos sistemas fotovoltaicos
   autônomos 97
Array 86

B

Bancos de baterias 101
Bateria(s) 100, 101
   AGM 105
   automotiva 102, 104
   de chumbo ácido 102, 103
   de ciclo profundo 105
   de NiCd e NiMH 105
   de níquel 102
   em gel 104
   estacionária 102-104
   seladas 102
Bússola 50

C

Cabos
   elétricos 92
   para aplicações fotovoltaicas 93
Caixa de
   junção 92
   strings 189, 191, 194
Cálculo da
   eficiência 83
   energia pelos módulos fotovoltaicos 133
Capacidade de carga 106

da bateria 108
do banco de baterias 137
Características
   dos módulos fotovoltaicos comerciais 80
   elétricas em NOCT 84
   elétricas em STC 81
   principais dos inversores 120
   térmicas 85
Carregamento das baterias 97
Categorias de sistemas fotovoltaicos conectados à rede 147
CdTe 71
Célula(s)
   comercial 63
   de silício policristalino 69
   em série 72
   fotovoltaica 63, 72
      híbrida 71
      monocristalina 68
      policristalinas 69
   híbridas 71
   solar híbrida 72
Centelhador 202
Chave de desconexão 192
   de corrente contínua 164
Ciclos de carga e descarga 106
CIGS 71, 73
Coeficiente de temperatura 85
Coletores solares 16
Comparação
   da eficiência das diversas tecnologias 71
Componentes
   de um sistema fotovoltaico autônomo 100
   dos sistemas fotovoltaicos conectados à rede elétrica 189
Comprimento da onda eletromagnética 37
Condição padrão de teste 81
Conectores 93
   do tipo MC4 80
   MC3 e MC4 93
Conexão
   à rede 157
   de módulos em paralelo 87, 89
   de módulos em série 86, 89
   de sistemas fotovoltaicos à rede elétrica 173
   elétrica 92
Conjuntos
   de módulos em paralelo 86
   de módulos em série 86
Consumo de energia
   elétrica no mundo 22, 23
   noturno 162
   parado 162
Controlador(es)
   com chave paralela 114

com chave série 112
de carga 100, 108, 109, 143
  eletrônico PWM 9
eletrônico com PWM 114, 115
  e MPPT 115
de carga convencionais 112
PWM 115
Convencionais 112
Corrente (de)
  curto-circuito 76
  (ISC) 82
  máxima potência (IMP) 82
  máxima 77
Curva característica
  de corrente, tensão e potência 74
  $P - V$ 75

D

Declinação solar 52
Detecção de ilhamento 168, 169, 176
Difusão 48
Dimensionamento
  das instalações 198
  de um sistema fotovoltaico autônomo 141
  de microgeração conectado à rede elétrica 209
  do banco de baterias 137, 141
  dos cabos 198
  dos fusíveis 199
  dos inversores 210
Diodo de bypass 90, 91
Dispositivo de proteção de surto (DPS) 192-193, 201,
  203, 208-209
Distorção
  da corrente injetada na rede 161
  harmônica 121
    de corrente 175
DPS 194, 201-207, 209

E

Efeito
  do sombreamento 89
  fotoelétrico 39
  fotovoltaico 39, 63
Eficiência 121
  do módulo (η) 83
Eixo de rotação da Terra 51, 52
Emprego das fontes de energia solar e eólica
  em todo o mundo 25
Energia 140
  armazenada no banco de baterias 137
  da biomassa 21
  eólica 18
  fotovoltaica 32
  geotérmica 21
  hidrelétrica 15
  limpa 12
  oceânica 20
  solar fotovoltaica 17, 30, 39
  solar térmica 16

Entradas independentes com MPPT 160
Equinócios 52, 53
Escolha dos diodos de *strings* 200
Espectro da radiação solar 38
Estação meteorológica 195, 197, 200
Estágio de
  absorção 112
  carregamento pesado 109
  flutuação 110
Exemplos de fontes renováveis 15

F

Faixa útil de tensão contínua na entrada 158
Fator de potência 176
Feed in 157, 156
Filmes finos 69
Flutuação 108
Folha de dados 80
  dos módulos monocristalinos 79
Fontes
  alternativas 14
  limpas de energia 12
  renováveis 11
    de energia no Brasil 28
Forma de onda de saída 121
Frequência
  da onda 37
  da rede elétrica 161
  de operação 174
  de saída 120
Funcionamento
  de um inversor 157
  do inversor CC-CA 118
  e características dos módulos fotovoltaicos 74
Fusíveis 191, 192

G

Geração
  de eletricidade 30
  distribuída 26
  e uso de eletricidade no mundo 22
Gerador eólico 21
Gerenciamento da carga da bateria 109
Grau de proteção 161

H

História 66

I

IEC 60364 177, 194, 202
IEC 62116 177
Iluminação pública 97
Inclinação do módulo 55
Influência da
  radiação solar 77, 78
  temperatura 78
Injeção de corrente contínua na rede elétrica 175
Insolação 44, 46

Instalação de módulos solares 57
Inversor(es) 100, 101, 117, 158
  CC-CA 117
  conectados à rede elétrica 158
  de onda quadrada 122
  de onda senoidal modificada 122
  interativos com a rede 123
  para a conexão 158
    à rede elétrica 156, 158, 189
  PWM de onda senoidal pura 122, 123
  sem transformador 179
Irradiância 43, 46, 77
Isolação com transformador 170

L

Levantamento
  das características do módulo 134
  do consumo de energia 139
Ligação
  de controladores de carga em paralelo 112
  elétrica do inversor 119
Lingote de silício 67, 68
  policristalino 68
Linha do
  campo magnético 50
  zênite 40
Luz visível 38

M

Manutenção de carga 108
Mapa de insolação 46
Massa de ar 40
  AM1,5 41
Medidor de energia 196, 197
Meio-dia solar 49
Mercado livre 153
Método
  da corrente máxima do módulo 135
  da insolação 133
  de Czochralski 67
Microgeração 147, 150, 179
Microgeradores 148
Microinversores 185
Microusina 26, 27
Minigeração 147, 149, 179
Minigeradores 148
Miniusina 26
Modo de utilização do controlador de carga 110
Módulo(s)
  Bosch c-Si M60 81
  de filmes finos 70, 73
  em série e paralelo 87
  fotovoltaico 72, 189
    para sistemas autônomos 125
  solar 60
    cristalino 80
Movimento
  aparente do Sol 54

da Terra 51
MPPT 100, 115, 160, 164, 165

N

Net metering 153-155
Níquel-Cádmio 105
Níquel-Metal-Hidreto 105
NOCT 85
Normas 33
Norte
  geográfico 50
  real 50
Número
  de baterias em paralelo 138
  de baterias em série 137
  máximo de *strings* na entrada 160

O

Obstáculos 32
Ondas eletromagnéticas 37
Organização do sistema 144
  fotovoltaico autônomo 126
Orientação
  azimutal 49
  dos módulos fotovoltaicos 47

P

Perfil
  da irradiância solar 44
  de carga 110
Piranômetro 42
Placa ou painel fotovoltaico 72
Ponto de operação do módulo fotovoltaico 75
Potência (de)
  corrente alternada na saída 163
  corrente contínua na entrada 163
  máxima 77, 120
  nominal 120
  pico ou máxima potência (PMP) 83
Potencial
  da energia eólica 29
  de aproveitamento hidrelétrico 28
Previsão para o uso das diversas fontes de energia
  disponíveis no mundo 24
Processo de deposição 69
Profundidade de descarga 107
PROINFA 19, 32
Proteção
  contra fuga de corrente 164
  de curto-circuito 121
  de descarga excessiva 109
  de reversão de polaridade 121
  de sobrecarga 109
Pulse Width Modulation 114
PWM, Pulse Width Modulation 115, 122

Q

Quadro de proteção de corrente
    alternada (CA) 193
    contínua (CC) 192
Quantidade de módulos fotovoltaicos 142
Quartzo 67
    bruto 67
Quilowatt-hora 140

R

Radiação
    difusa 42
    direta 42
    eletromagnética 37
    global 42
    solar 40
Rastreamento do ponto de máxima potência 100, 115, 164
Recursos e funções dos inversores para a conexão
    a rede elétrica 164
Rede elétrica 158
    trifásica 133
Regulação de tensão 120
Regulamentação 33
Rendimento 163
Resistência à corrente inversa 83
Resolução nº 480 34, 148
Rotação 51

S

Semicondutor 64, 65
Sem transformador 170, 171
Sensor de radiação solar 43
Silício 67
    amorfo 70, 72
    cristalino de filme fino 72
    microcristalino 70
    micromorfo 72
    monocristalino 66-68, 72
    policristalino 66, 68, 69, 72
    ultrapuro 67
Sinalização 97
Sistema(s)
    de bombeamento de água 129
    de telecomunicações 97
    fotovoltaico 35
        autônomos 30, 97, 130
        conectado à rede elétrica 147
        de bombeamento de água 128
        ilhado 169
        modulares 187
        híbrido 131
        isolados 97
        sem baterias 128
Solstícios 52, 53
Sombreamento 89
STC (*Standard Test Conditions*) 81
String 86, 158-159, 186, 189- 191
Sunny Island/SMA 130-133

T

Tarifação 153
Tecnologia CIGS 70
Telureto de cádmio 70, 72
Temperatura
    de operação 85, 161
    normal de operação da célula 84
Tensão 100
    contínua máxima na entrada 159
    da bateria utilizada 137
    de circuito aberto 76, 82
    de entrada CC 120
    de máxima potência (VMP) 82
    de operação 174
        na conexão com a rede 161
    de saída CA 120
    do banco de baterias 137
Tipos de
    baterias 102
    células fotovoltaicas 67
    controladores de carga 112
    inversores 122
Transformador de
    alta frequência 170, 171
    baixa frequência 170, 171
Translação 51
Turbinas eólicas de eixo
    vertical 19
    horizontal 19

U

Umidade relativa do ambiente 162
Usina
    de eletricidade 147
    de eletricidade fotovoltaica 18
    solar térmica 17

V

Varistor 202
Vida útil da bateria 106, 107
VRLA (Valve Regulated Lead Acid) 104

W

Wafers 68, 69
Watt-hora 140

Z

Zênite 40